基金项目：国家自然科学基金青年项目“长三角农村转型下的社区养老设施空间量化模型与设计研究”（51608472）
国家自然科学基金青年项目“基于行为—情绪模式的农村社区居家养老设施营建指标与优化策略”（52008241）

乡村人居环境营建丛书
浙江大学乡村人居环境研究中心
王　竹　主编

乡村老龄化问题与老年设施营建策略探究

张子琪　著

东南大学出版社
SOUTHEAST UNIVERSITY PRESS
·南京·

内 容 提 要

本书以浙江北部地区乡村作为研究范围，采取问题切入—动力提取—条件解读—系统构建—策略提升的路径，分别从宏观角度整合养老服务体系与历史及社会发展结合的资源流动规律，以及微观角度捕捉使用者的具体行为特点和需求为线索，探析我国乡村老年服务体系营建和设施建设策略。

图书在版编目(CIP)数据

乡村老龄化问题与老年设施营建策略探究/张子琪著.—南京：东南大学出版社，2020.12
(乡村人居环境营建丛书/王竹)
ISBN 978-7-5641-9197-9

Ⅰ. ①乡… Ⅱ. ①张… Ⅲ. ①乡村—人口老龄化—研究—中国 ②乡村—养老—服务设施—研究—中国 Ⅳ. ①C924.24 ②TU241.93

中国版本图书馆 CIP 数据核字(2020)第 217581 号

乡村老龄化问题与老年设施营建策略探究

著　　者：张子琪
责任编辑：宋华莉
编辑邮箱：52145104@qq.com

出版发行：东南大学出版社
出 版 人：江建中
社　　址：南京市四牌楼 2 号(邮编：210096)
网　　址：http://www.seupress.com

印　　刷：南京玉河印刷厂
开　　本：787 mm×1092 mm　1/16　印张：10.75　字数：260 千字
版 印 次：2020 年 12 月第 1 版　2020 年 12 月第 1 次印刷
书　　号：ISBN 978-7-5641-9197-9
定　　价：48.00 元

经　　销：全国各地新华书店
发行热线：025-83790519　83791830

序

本书源自张子琪于2018年完成的博士学位论文《资源与需求导向的浙北乡村社区老年服务体系营建及设施建设》。最初见到张子琪是在她做本科毕业设计的时候，当时她已经提交了在浙江大学建筑设计及其理论学科进行直接攻读博士学位的申请，同时也选择了我作为她毕业设计的指导老师。这一毕业设计是她在浙江大学与西班牙San Pablo大学的联合设计工坊，在我的指导下最终完成的"马德里老城区老人活动中心与互补设施及其户外公共空间"设计，获得系内毕设最高分，同时也非常难得地获得了当年浙江大学"百优"毕业设计的称号。在浙江大学本科毕业后，她正式加入我的研究团队，我对她在设计之外的能力和特点才开始渐渐熟悉起来。张子琪对建筑如何力所能及地解决实际问题、如何满足人的需求，以及人对空间的感受、经历和相互影响是如何变化等问题更感兴趣。或许正是这种兴趣的引导，她在进入直博阶段后，很早就确定下来偏重于建成环境中的社会学与人类学方面的研究。跟随着团队项目，她接触到了很多的乡村社区，并对其中突出的老龄化问题产生了关注。这是一个高度复杂的社会问题，如何从建筑学角度切入这一问题实际上是非常具有挑战性的。

乡村老年问题在当前我国各方面高速发展的时期显得十分突出，因这一课题与社会的高度相关性，使得其时时面临着外部环境变化所可能导致的研究结论的失效与矛盾。同时，老年问题的解决远远超出了建筑学的能力范畴，而经验借鉴的过程又因为地区差异显得非常艰难。仅仅针对老年设施的布局与设计部分是相对简单的，且相应的资料和成果也较多。但这种"建筑学结果"是如何根据各个地区特定的社会经济环境和对象人群特征而形成的过程，则往往被避重就轻地忽略。这种忽略，或者说缺乏深思熟虑的大量复制建造，往往会造成一系列的后续使用问题，并且最终导致资源的浪费。因而如何从社会经济背景宏观探讨乡村老年设施与社会发展关系的一般规律，通过环境行为学研究从"人"出发的乡村老年设施规划和设计方法，从而制订出符合乡村地区发展特点的乡村老年服务体系，是张子琪的博士研究所探讨的重点内容和主要目标。她在这一研究中搭建了该课题的基础平台和研究框架，提出把未利用的"乡村养老资源"与未满足的"乡村老人需求"作为建设驱动力，梳理与认知乡村老年服务设施建设的整体内在机制，定义"养老模式—服务组织—老年设施"的内涵与关联，以环境行为学及量化方法增进对乡村老年人空间行为与偏好方面的认识，最终构建包含目标、原则、要素、层级的乡村老年服务体系，提出根据人群细分的三类乡村养老设施的规划原则以及空间构成。这一研究成果对于认识和营建乡村老年支持体系都具有很好的参考价值。希望张子琪能够通过出版著作的方式，对过去的研究进行进一步整理，并在未来的学术生涯中，再接再厉，继续前进。

王竹

2020年5月5日

前　言

近年来，我国老龄化状况发展呈现城乡倒置格局，乡村人口的养老问题日渐严峻，集中体现为快速增长的养老需求与长期滞后的养老服务供给体系之间的矛盾。中国作为世界上最大的发展中国家，必须直面在城镇化进程中如何妥善解决这一问题的重大挑战。本书从问题先发性和研究可行性出发，以浙江北部地区乡村作为研究的主要地理范围，采取问题切入—动力提取—条件解读—系统构建—策略提升的研究路径，以既存设施问题为出发点，沿资源和需求两条线索进行探究，从宏观角度整合养老服务体系与历史及社会发展结合的资源流动规律，从微观角度捕捉使用者的具体行为特点和要求，最终回归到探析适合我国国情的乡村老年服务体系营建和设施建设的策略。具体从四个方面开展研究工作：

(1) 从既有乡村老年设施建设与利用现状中显现的问题出发，通过系统分析将现象归因为规划重叠与疏离的问题增生、功能闲置与缺失的矛盾并进、服务来源与责任的被动转移，以及运营支持与建设的恶性循环四个层面，并从问题共性中提取出忽视乡村情况、定位细分模糊、需求认知偏差、系统建立缺乏、提供总量不足的发生本质。

(2) 基于对共性问题本质的探析，提出“乡村养老资源”与“乡村老人需求”是当前乡村老年服务体系和设施建设提升的外在驱动力与内在驱动力，进而对这两种驱动力的前提、基本概念以及主要内容进行了系统的阐述，定义了作为乡村养老资源的经济、建设、服务与精神资源的主要内容，以及归纳乡村老年人需求的普遍性与特殊性、动态性与多样性、当下性与未来性的基础认知。

(3) 以作为外在驱动力的未利用的资源，以及作为内在驱动力的未满足的需求为线索，以乡村老年设施为核心，一方面植根社会政治经济大背景，梳理、解读乡村老年服务体系的内在机制，定义“模式”为社会环境限定的资源供需框架，“服务”为资源供需流动的具体组织形式，“设施”为资源接收终端的实体表现，并归纳从模式、服务再到设施的养老资源流动渠道；另一方面向下挖掘乡村老年人的养老需求，具体运用环境行为学的研究方法，对乡村老年人这一目标人群样本进行实地调研以及量化分析，并探索从对象到需求再到设施的老年服务设施的设计导向。

(4) 以顺应机制、跟进机遇、利用资源、满足要求的研究思路，系统构建乡村养老服务体系的整体内容框架，在政策指导、服务架构与设施空间三个层面提出具有针对性的营建策略：政策上提出经济、保障、体制和文化四方面的政策支持要求；服务上提出多类型老年服务需求、多方面养老服务资源整合、多元化服务主体参与和根据乡村社区组织形成的养老服务组织架构；设施空间上提出基于要素综合的乡村老年设施规划，以及从使用者出发的乡村老年空间设计策略。

本书的主要内容来自笔者于2018年年底完成的博士学位论文《资源与需求导向的浙北乡村社区老年服务体系营建及设施建设》，受限于笔者自身专业知识、研究能力与实践经验水平，同时也作为建筑这一单一学科的研究结果，其中必然会有许多缺陷和错漏；而完整的系统与策略，更是需要各学科高度交融以及持续探索、反复实践，方能不断完善。因此，也敬请广大读者对本书的内容进行批评与指正。

在完成此书的五年博士生涯中，感谢导师王竹教授，以及合作导师裘知副教授的精心培养。从研究开展之初到最终成文修改时都获得了两位老师一贯的指导和帮助，并为文章最为关键的实地调研提供了宝贵的资源和机会，为大小论文的组织结构和关键问题提出了大量宝贵的意见和见解，尤其是在我陷入泥潭时给予的点拨，使我有机会跳出自身去思考，从而发现问题的本质。感谢东京大学的大月敏雄教授以及东京工业大学的奥山信一教授所提供的宝贵的海外学习机会和具有启发性的指导。

感谢从本科开始就一直给予热心指导的各位浙江大学建筑系的老师们。感谢浙江大学建筑系养老研究方向的几位前辈、同辈与后辈们，望彼此在这一方向上继往开来，继续前进；感谢浙江大学月牙楼311和214的各位同门，你们让我感受到了整个课题组浓厚的生活学习氛围和情谊；感谢参与帮助实地调研的浙江大学建筑系SRTP小组的本科同学们；感谢在留学期间遇到的所有人和事，能遇到你们本身就是一种缘分；感谢那些不管是真实存在的还是虚构的人们，你们的存在支撑我度过了很多个难眠的夜晚和沮丧的白天。同时，还要非常感谢我身边的亲人们，尤其是我的父母给予了不可替代的重要支持和帮助，使我能够在种种困难面前坚持到底。最后，感谢浙江大学、东京工业大学、东京大学，在这里我度过了十年的高校求学时光，这段经历必将在我的人生旅途中刻下深刻的印记。

张子琪

2019年9月

浙江大学乡村人居环境研究中心

农村人居环境的建设是我国新时期经济、社会和环境的发展程度与水平的重要标志，对其可持续发展适宜性途径的理论与方法研究已成为学科的前沿。按照中央统筹城乡发展的总体要求，围绕积极稳妥推进城镇化，提升农村发展质量和水平的战略任务，为贯彻落实《国家中长期科学和技术发展规划纲要（2006—2020 年）》的要求，为加强农村建设和城镇化发展的科技自主创新能力，为建设乡村人居环境提供技术支持，2011 年，浙江大学建筑工程学院成立了乡村人居环境研究中心（以下简称“中心”）。

“中心”主任由王竹教授担任，副主任及各专业方向负责人由李王鸣教授、葛坚教授、贺勇教授、毛义华教授等担任。“中心”长期立足于乡村人居环境建设的社会、经济与环境现状，整合了相关专业领域的优势创新力量，将自然地理、经济发展与人居系统纳入统一视野。截至目前，“中心”已完成 120 多个农村调研与规划设计项目；出版专著 15 部，发表论文 200 余篇；培养博士 30 人，硕士 160 余人；为地方培训 3 000 余人次。

“中心”在重大科研项目和重大工程建设项目联合攻关中的合作与沟通，积极促进了多学科的交叉与协作，实现信息和知识的共享，从而使每个成员的综合能力和视野得到全面拓展；建立了实用、高效的科技人才培养和科学评价机制，并与国家和地区的重大科研计划、人才培养实现对接，努力造就一批国内外一流水平的科学家和科技领军人才，注重培养一批奋发向上、勇于探索、勤于实践的青年科技英才。建立一支在乡村人居环境建设理论与方法领域方面具有国内外影响力的人才队伍，力争在地区乃至全国农村人居环境建设领域处于领先地位。

“中心”按照国家和地方城镇化与村镇建设的战略需求和发展目标，整体部署、统筹规划，重点攻克一批重大关键技术与共性技术，强化村镇建设与城镇化发展科技能力建设，开展重大科技工程和应用示范。

“中心”从 6 个方向开展系统的研究，通过产学研的互相结合，将最新研究成果运用于乡村人居环境建设实践中。(1) 村庄建设规划途径与技术体系研究；(2) 乡村社区建设及其保障体系；(3) 乡村建筑风貌以及营造技术体系；(4) 乡村适宜性绿色建筑技术体系；(5) 乡村人居健康保障与环境治理；(6) 农村特色产业与服务业研究。

“中心”承担有两个国家自然科学基金重点项目——“长江三角洲地区低碳乡村人居环境营建体系研究”“中国城市化格局、过程及其机理研究”；四个国家自然科学基金面上项目——“长江三角洲绿色住居机理与适宜性模式研究”“基于村民主体视角的乡村建造模式研究”“长江三角洲湿地类型基本人居生态单元适宜性模式及其评价体系研究”“基于绿色基础设施评价的长三角地区中小城市增长边界研究”；五个国家科技部支撑计划课题——“长三角农村乡土特色保护与传承关键技术研究与示范”“浙江省杭嘉湖地区乡村现代化进程中的空间模式及其风貌特征”“建筑用能系统评价优化与自保温体系研究及示范”“江南民居适宜节能技术集成设计方法及工程示范”“村镇旅游资源开发与生态化关键技术研究与示范”等。

目　录

1 导论:乡村人口老龄化现象的全局

1.1 我国乡村养老问题的聚焦

人口老龄化是一定时期内一个国家或一个地区的老龄人口比重不断上升的状态。根据联合国国际人口学会编著的《人口学词典》的定义,当一个国家或地区 60 岁以上人口所占比例达到或超过总人口数的 10%,或 65 岁以上人口达到或超过总人口数的 7%时,这个国家或地区就进入"老龄化社会"。[①] 根据国家统计局《2015 年全国 1%人口抽样调查主要数据公报》,我国 60 岁及以上人口 22 182 万人,占 16.15%,其中 65 岁及以上人口 14 374 万人,占 10.47%。与 2010 年的第六次人口普查数据相比,15~59 岁人口比重下降 2.81%,60 岁及以上人口比重上升 2.89%。[②] 而乡村人口老龄化增长趋势更为显著,2012 年乡村人口中老年人口比重为 16.3%,高于城市 5 个百分点[③],根据全国老龄工作委员会预测,乡村老龄化率将在 2020 年率先达到 20%,并在 2030 年达到 29%。

浙江作为我国东部沿海经济大省,截至 2015 年年末,全省 60 岁及以上老年人口达 984.03 万,占总人口的 20.19%;全省纯老家庭[④]人口数为 234.16 万人,占老年人口总数的 23.80%;浙东北部的杭州、湖州、嘉兴、绍兴、宁波等市老龄化程度均超过 20%。根据现有数据模型,2040 年浙江省内老年人口所占总人口的比例将超过三分之一。[⑤⑥] 浙江省老龄化特征呈现三大特点:一是老年人口在数量规模、年龄层次及失能程度水平上均快速发展。"十二五"期间,浙江省老年人口净增 195 万人,年均增长率近 4.6%;80 岁及以上的高龄老人净增 34.74 万人,年均增长率达 5.19%,老龄化程度高于全国平均水平。二是老龄化率在地域上呈现乡村高、城市低的倒置现象。2010 年全省 5 443 万常住人口只有 39.4%居住在乡村;而 756 万 60 岁及以上的老年人口则有 52.2%居住在乡村。三

---

① 联合国国际人口学会. 人口学词典[M].杨魁信,等译.北京:商务印书馆,1992.

② 来源:新华网. 国家统计局:我国人口 13.7 亿老龄化趋势上升[EB/OL].[2016-04-21].http://news.xinhuanet.com/politics/2016-04/21/c_128916010.htm.

③ 人民网. 专家学者出谋划策破解未富先老难题[EB/OL].[2012-07-02].http://politics.people.com.cn/n/2012/0702/c70731-18419835.html.

④ 根据广州市老龄委、民政局、统计局联合发布的《2015 年广州市老年人口和老龄事业数据手册》,"纯老家庭"是指家庭全部人口的年龄都在 60 周岁以上的家庭,包括:(1)独居老年人家庭(无论与子女家庭住址距离多远,只要一个人居住就可认定为独居老年人家庭);(2)夫妇都在 60 周岁及以上的老年人家庭;(3)与父母或其他老年亲属同住的老年人家庭(其他老年亲属至少有 1 人年龄达到 60 周岁及以上)。

⑤ 浙江省老龄办. 我省人口老龄化呈现五大特点 高龄老人增速快于老年人口增长[EB/OL].[2014-05-20].http://www. yanglaocn.com/shtml/20140520/140052492530164.html.

⑥ 人民网浙江频道. 浙江 60 岁以上老年人口超 984 万 占总人口两成[EB/OL].[2016 - 04 - 21]. http://zj.people.com.cn/n2/2016/0420/c370990-28188218.html.

是老龄化发展超前于经济发展，供养与需求矛盾加剧乡村养老事业的负担。浙江省步入人口老龄化十余年后，在2012年人均GDP才突破一万美元，这期间迅猛发展的老龄化数据与相对滞后的经济发展水平造成老年供养不足，而这种矛盾在乡村地区显得尤为突出。

总体而言，我国乡村人口老龄化问题表现在老年人口的大比例与高增速形成的大量养老需求，与乡村整体建设的低质与滞后造成的养老支持体系薄弱之间的矛盾。乡村老龄化率的快速增长，对当前乡村养老及医疗保障体系与设施建设均提出了迫切需求。在全球普遍老龄化进程中，我国的特殊性表现在必须同时面对“乡村建设”与“老龄化”两大同样紧迫的课题，而乡村老龄化问题作为其交叠部分则变得更为复杂和深刻。中国这一庞大的发展中国家，如何在特殊的历史环境背景和当下发展进程中解决日益严峻的乡村老年人养老问题，是我国现代化进程和社会和谐可持续发展中不得不面临的重大挑战。

1.1.1 历史背景

Patal认为包括中国在内的发展中国家中，老年人面对着多重负担：衰老带来非传染的、退化性疾病的高峰，家庭支持系统水平下降，缺乏足够的社会福利支持系统（王萍、李树茁，2011），个人与家庭作为长期构成乡村老年人主要支持内容的弱化，以及社会老年供养系统在乡村地区的建立严重滞后，这些负担在乡村老年人身上显得更为沉重，具体有如下表现：

(1) 乡村社会秩序变迁导致的家庭小型化和孝文化式微，从物质和精神两方面弱化了以家庭为主的养老保障功能。长期以来，“养儿防老、同屋而居、床前膝下”式的由成年子女提供的代际支持，几乎构成了我国乡村老年养老支持的全部内容。然而，随着新中国成立后土地制度改革和社会主义市场经济的开放，子女因学习或就业由乡村向城市流动以及居住方式的代际分离，使得老三代家庭结构和多代同堂为主的家庭模式，逐渐转向小型核心家庭。1982年我国乡村地区大型家庭户（6人及以上）占比最大，而至2000年大型家庭户占比迅速缩小到10.2%，2010年则进一步缩至6.6%；相对地，小型家庭户（3人及以下）的比重则上升三分之二，平均家庭规模也从1982年的4.41人下降至2010年的3.10人。家庭的小型化直接导致传统的家庭支持失去长期倚靠的经济与社会结构基础。另外，伴随着宗族和家本位构成的传统秩序，与特殊政治环境产生的集体主义的先后消退，在宗族尊长传统和集体尊老道德约束的最终双重缺位下，经济维系力取代了代际的伦理维系力（陶自祥，2013），导致老一辈由于经济上“贡献”变少而逐渐被边缘化（林宝，2015），最终陷入老无所养的困境。

(2) 农作收益减少和土地加速流转造成老年自我供养能力弱化。随着近年来农产品价格持续下滑，农业经济绝对收益降低，使得土地劳作收入所能提供的经济支援有限。同时，随着工业化和新型城镇化推进，农业土地转化为非农业用地成为不可逆转的趋势，并由此产生失地农民群体。根据国土资源部的数据显示，2014年全国因建设占用、灾毁、生态退耕、农业结构调整等原因，耕地面积减少38.8万hm^2，净耕地面积减少10.73万hm^2，失地农民数量达到1.12亿。①② 农民，尤其是绝大多数失地农民既无法继续通过土地劳作获得收入来源，也缺乏从事其他职业的能力，而作为兜底保障的社会养老保险又存在统筹层次低、续保不能及时衔接的问题，导致农民的自我供养能力有限。

(3) 作为补充个人与家庭供养能力的乡村社会养老支持体系建设滞后。在个人及家庭供养能力日渐消退的同时，我国乡村社会养老服务体系依然处于起步阶段，政策落实不到位、投入不充足、监管薄弱、专业化程度不高等问题，使得当前体系依然无法支撑老年供养的主动社会化与被动社会化趋势。

总体来看，当下我国乡村养老问题，是意识变化、政策影响和社会发展中的相应对策滞后所造成的老年供养方式的断代，是历史遗留问题和社会不完全转型共同形成的后果，其中既具有城乡共通的未决问题，又具有乡村自身的特殊性。同时，乡村老年建设问题是在横向(区域差异)、纵向(上至社会经济政策环境，下至个体的特性和需求)、深度(过去、当下与未来)三轴延伸的一个具备高度综合性与变化性的问题，不可孤立地看待和讨论其中任何一个方面。

1.1.2 政策环境

随着乡村养老问题的加剧，全社会对"乡村""老龄化"投入了极高的关注度，国家与地方政府也在积极探索中，陆续出台了大量相关政策与导向性文件，一方面从乡村发展这一根本问题出发，提出城乡资源互通、就近就地城镇化与建设美丽乡村及特色小镇等发展方向，为乡村整体建设的提升和居民生活质量的提高夯实经济基础；另一方面则集中进行养老模式、养老服务和养老设施建设的引导和试点。总体而言，高关注度和强政策引导，表现出国家在解决乡村养老问题上的意识和决心，但其中存在的针对性不足、政策规范之间的协调性不足、上下层面之间的联结性不强等问题还有待解决。

1.1.3 建设实践

近年来，我国养老设施建设在数量上有了快速的增长。2015年全国养老床位数达到669.8万张，每千名老年人拥有的床位数达到30.3张，比"十一五"期末增长70.2%。③ 浙江省社会养老床位数达到47.8万张，机构养老床位数22万张，每千名老人拥有社会养老床位数48.6张④，3.6万农村五保和城镇"三无"老人由政府提供供养服务，集中供养率达97%以上；同时，按照"9643"的总体格局⑤，全省建成城乡社区居家养老服务照料中心共

---

① 中华人民共和国中央人民政府. 2015中国国土资源公报发布[EB/OL].[2016-04-23]. http://www.gov.cn/xinwen/2016-04/23/content-5067191.htm.

② 手机凤凰网财经频道. 专家：中国失地农民1.12亿，耕地保护迫在眉睫[EB/OL].[2015-11-21]. https://ifinance.ifeng.com/14083070/news.shtml.

③ 中华人民共和国中央人民政府.全国养老床位数达到669.8万张.[2016-03-11]. http://www.gov.cn/xinwen/2016-03/11/content_50521666.htm

④ 浙江省民政厅. 2015年浙江省民政事业发展统计公报[EB/OL].[2016-06-29]. http://mzt.zj.gov.cn/art/2016/6/29/art_1674068_32846095.html.

⑤ 即96%的老年人居家接受服务，4%的老年人在养老机构接受服务，不少于3%的老年人享有养老服务补贴。

1.93 万个。在养老设施数量增长的同时，建成设施的实际使用状况及管理运营问题越来越受到重视。

1.1.4　发展契机

(1) 转型中的乡村建设

从关注小城镇发展和规划的“十五”计划，到将乡村规划列入专门领域的“十一五”规划，再到大力为乡村规划、公共服务和数据建设提供研究经费支持的“十二五”规划，乡村建设迎来了历史性的发展机遇，但同时也面临着经济增速换挡期、结构调整阵痛期和前期政策消化期“三期叠加”所带来的巨大挑战。“十三五”规划中明确提出要推动新型城镇化和新农村建设协调发展，加快建设美丽宜居乡村，拓展农村发展空间，促进城乡公共资源均衡配置，推动城乡协调发展。在这个历史阶段，乡村规划要求将乡村建设放在城乡共同发展的大背景中，主动面向“离土不离乡”的城乡一体化空间转型，齐头推进“人的城镇化”和“维护乡村性”，尤其在城乡公共服务均等化的诉求下，从全局考虑资源的分布和衔接，形成流畅的公共服务网络，同时充分挖掘乡村的多元价值，凸显与城市景观和体验不同的“乡土性”，使乡村与城市无生活水平而仅有居住体验的差别。在新时期乡村发展的快速多元演进中，乡村环境不再是一个相对静止的存在，乡村转型的起始阶段与变化路径也都不尽相同，而老年建设作为乡村建设体系中的一环，需要与乡村大环境的转变相适应。

(2) 转型中的养老建设

在工业化与现代化发展中，养老观念经历了主动与被动两方面的转变。被动转变是以土地为支撑的个人养老能力弱化，以及家庭结构变化带来的家庭老年赡养能力弱化，使得养老需求从亲缘网络的内部消化，不得不转为对社会支持的需求。而主动转变则是促进养老产业发展的一系列外部政策推动，以及在日渐发达的经济水平和信息渠道下，民众对于社会化养老态度的自然转变。

根据老龄化国家的经验，从家庭和个人到社区和社会的养老方式的改变几乎不可逆转。然而，虽然乡村家庭和个人的传统养老功能受到冲击，但未从根本上动摇其重要地位，一个显著的原因是在一定程度上补偿家庭养老功能的社会化老年支持体系仍然较为薄弱。因此，如何利用国家的政策机遇，适应养老观念的主动和被动变化，在快速的环境变化中找到养老方式和支持体系的适当存在形式，是当下解决我国乡村养老问题的关键(图 1.1)。

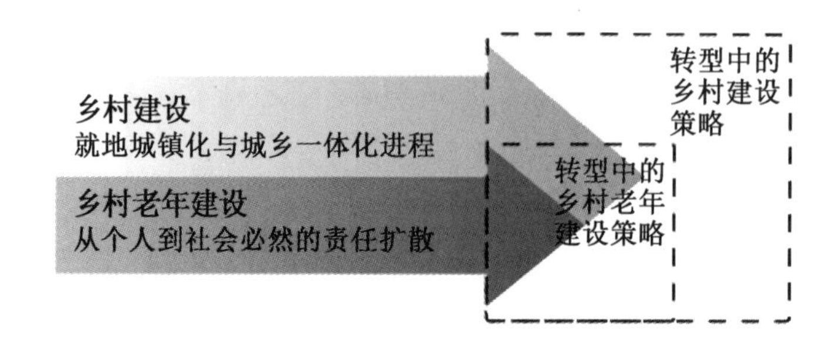

图 1.1　转型中的乡村与养老建设导向

(来源：自绘)

1.2 乡村老龄化问题的研究动向

1.2.1 国外乡村老年问题研究动向

乡村老龄化问题是一个全球视野下的重要议题,也是一个受制于政治、经济、社会结构与文化的复杂交叉问题。我国乡村地区的代际关系、家庭结构、城镇化方式、治理方式、土地制度等国情,决定了乡村地区的养老问题必然具有特殊性,但对于这一课题的基本认识、可行的切入点和研究方法,以及最终应达到的目标等,在研究上仍具有参考性。因此,选取乡村社会研究与老年研究方面的权威国际期刊,以及政府研究机构出具的报告书,着重从现象切入点、问题认识、策略目标三个方面进行梳理。

(1) 乡村老龄化现象的切入点

对乡村老龄化现象的切入,建立在解释"乡村"语境如何作用于老龄化问题上。首先,城乡差异,尤其是在社会结构和经济水平等方面的差异会造成老年人自身特性与照护环境的异质,使得城乡间老年问题的存在形式与内容并不相似(Mercier、Powers, 1984; Krout, 1986; Glasgow, 2000; Glasgow 等,2004; Glasgow、Brown, 2012; Bowblis 等,2013)。其次,乡村内部高度异化的特性,也使其不能作为一种笼统的地区定语总括性地展开老龄化课题的讨论。其中,一些学者提出在讨论乡村老年问题时可以依照"乡村性(Rurality)"进一步细分(Menec 等,2015),另一些研究则认为不同"乡村性"地区在医疗健康服务的使用上并无区别(Himes、Rutrough, 1994; Mcconnel、Zetzman, 1993)。也有学者建议从原居或流入的乡村居民环境史来认识所形成的不同社区结构(Mercier、Powers, 1984; Wenger, 2001)。Krout(1988)则认为应当通过乡村环境如何对老年问题的解决作出具体贡献或设置障碍进行划分,Bull 和 Bane(1993)随后归纳了服务提供者视角下美国乡村老年服务的34 个主要障碍,包含隔离、经济、服务可用性、文化和人口、资金、法定和治理等。这些障碍在不同乡村地区中的复杂性和显著性差异,将对当地老年服务体系建设提出不同的要求。无论如何,在切入乡村老龄化问题前需要确定"乡村的"具体讨论范围和依据,这将是研究启动的基本前提。

(2) 乡村老龄化问题的认识

乡村老龄化问题,是乡村地区养老需求总量上升及多样化发展,导致地区所拥有的养老资源无法应对这种变化,而产生老年照护、医疗、娱乐等方面的短缺,甚至进一步影响到其他年龄群体的复杂、广泛、连锁的问题。尤其是乡村通常在应对老年人需求上比城市拥有更少的资源和更多的障碍,因而面临严峻的挑战。

这种挑战首先表现在乡村地区老年需求的多量化和多样化增长上。多量化表现在数据上绝对老年人口数量的增多,根据美国人口普查局 2009 年的数据,美国乡村 65 岁以上人口比例达到 15%,超出 12%的城市数据,且越偏远地区老龄化比率越高;英国国家统计办公室(ONS)2012 年数据显示,占总人口 18%的乡村人口包含了 65 岁以上人口的 24%,并以高出城市 9%的增长率持续增长;加拿大、新西兰、澳大利亚等国家的统计数据也同样显示了乡村地区人口快速老化的趋势。而多样化表现在随着乡村发展,乡村老年群体自身需求种类的扩大,以及随着实证研究的深入,这一群体更多样化的生活状态、需求特征和影响因素被逐步挖掘出来,如对乡村老人的主观幸福度(Kivett, 1988)、个体健康程度(Kumar, 2001)、对正式服务的需求(Blieszner, 2001)和相应影响因素等。Dwyer 等(1990)认为不同乡村地区老年人的状况和行为存在地域差异,这种状况使得具体研究结论和建设经验的适用性变窄,成为课题推进的一大难点,因而需要从社会经济地位、居住区位等层次进一步确定这些因素如何影响人的特点,使政策和服务更具针对性。

其次表现在服务供应的局限上。从共性上看,地区人口年龄上升对住房选择、交通方式、服务配置都提出了新要求。从特性上看,乡村社区的老龄化问题面临着独特的社会环境挑战:一是有限的住房选择(Spina、Menec, 2015);二是相对缺乏的正式服务供给,尤其是医疗保健服务(Spina、Menec, 2015; Frenzen, 1991; Forbes、Edge, 2009),并且由于年轻人的外流而导致照护提供者不足(Alcock 等,2002);三是距离与交通,过长的服务输送距离和不完善的公共/非机动交通系统增加了服务供给的难度,限制了乡村老人对照料服务的可及性(Spina、Menec, 2015; Coward、Culter, 1989; Burden, 2001; Ryser、Halseth, 2012)。

此外在老年服务供应上,以家庭、邻里和朋友组成的非正式照护依然是乡村老年人主要照护来源(Sauer、Coward, 1985; Coward、Kerckhoff, 1987),许多研究证实乡村老年人从他们的家人、朋友和邻居那里得到了大量的援助(Blieszner 等,2001;Coward 等,1990),因此乡村比城市更嵌入亲属及邻里支持网络(Cohler, 1983; Kivett, 1985; Krout, 1988; Wenger, 2001;Donnenwerth、Norvell, 1978; Powers 等,1975)。然而,却不应当高估乡村地区非正式帮助的力量(Coward, 1987; Glasgow, 2000; Dwyer 等,1990; Lee, 1985),因为乡村老年人所能获得的服务总量相比城市老年人要小,且一些学者也指出,获得代际帮助上的差别不仅归因于城乡差距,更取决于老年人与成年子女的距离以及职业(Lee, 1985; Glasgow, 2000)。同时,乡村家庭的空间隔离、公共交通系统缺乏、年轻人的外出迁移,以及一些传统社区参与途径随着乡村环境的变化而不断消亡等,使得乡村老年人的孤独感和社区融入难度未必低于城市老年人(Powers 等,1975)。对此,Coward 和 Cutler(1989)质疑长期以非正式照护为主的乡村老年服务,究竟是形成于强大的非正式照护力量,还是由于不能获得充分的正式照护而作出的妥协。无论如何,应当面对两个事实:一是乡村地区正式养老服务具有有限的服务范围和选择形式;二是虽然在乡村地区,非正式服务占据主导,却不代表乡村老年人可获得比城市老年人更多的非正式服务,或这些服务已完全满足乡村老年人的需求。

(3) 应对乡村老龄化的改善策略

长期实践证明,城市模式的简单挪用并不是乡村问题的有效解决方案,应当考虑乡村社会、物理环境、使用对象,以及社会服务的城乡供给差异以建立乡村服务体系(Coward、Culter, 1989; Wenger, 2001; Conrad 等,1993; Coward 等,1983)。这种服务供给应当基于乡村老年人的实际情况而非假设(Coward、Kerckhoff, 1978),这要求研究者通过谨慎且非介入性的观察,明确在具体乡村地区中正式与非正式老年照护服务供给的现状(Coward、

Culter，1989；Glasgow，2000)，并且感知当地老年人的"真实生活"与需求(Kivett，1985)。

一些学者从理论上提出了乡村社区服务供给模型，从整体上看，这些模型在策略上强调一种联动性，表现在以下几个方面。一是促进社区服务资源以及提供主体的互相协作，强调在现有的系统上加强而不是孤立和各自为政，如加强乡村地区已经建立和自然发生的老年帮扶制度(Coward、Kerckhoff，1978)，或通过服务提供者间的竞争与合作降低家庭和社区服务成本(Coward、Culter，1989)，以及根据需求和成本等来明确应当配置的服务，并在乡村和城市的长期护理系统之间建立系统联系(Warner 等，2017)等。二是加强社会参与以维持老年人自我意识与社会联系。丧失独立性和对生活的控制感是老年阶段主要心理障碍，因此旨在为老年人服务的社区在规划时，不应将使用者排除在决策程序之外。实施参与式协同治理模式能够将老年人从被服务者、受益者向社区的决策者、建造者和服务者的身份转变，这也是积极老龄化的一个实现途径。许多针对老年群体的社区设计，往往由自认为了解老年人的真实状况和需求的非老年人群体来设计，这可能导致建成结果偏离使用者的真正偏好(Coward、Kerckhoff，1978)，而老年人的社会参与比被动的外部需求评估更有助于建立社会资本和社会包容，从而导向更适宜的社区设计(Scharlach、Lehning，2013；Lehning、Scharlach，2012)，并帮助当地相关部门发现更经济的解决方案(Stahl 等，2008)。

另外，居住环境的改善不仅可以提高老年人的生活质量，也比其他长期护理方案更具有成本效益。已有多项研究探讨老年人的住宅和健康之间存在复杂的、多因素的关系，并认为通过居家环境改造，如扶手的位置、卫生间的改造和防滑措施(Boldy 等，2011；Costa-Font 等，2009)，或是住房保温、房屋面积和设计等(Howden-Chapman 等，1999)，能够促进老年人的成功在地老化(Aging-in-place)。然而，乡村地区的老年人的居住环境质量和房屋可达性通常较低，也缺少自宅以外的可负担的住房选择，且由于收入和教育程度的限制，改善居住环境相对困难(The U.S. Senate's Special Committee on Aging，1971；Iwaksson、Lsacsson，1996；U.S. Department of Housing and Urban Development，1999；Butler 等，2005)。随着乡村老年人口规模的扩大，乡村社区有必要为老年人提供可负担的房屋修缮计划，同时也应当增加可供选择的住房类型。

1.2.2 国内乡村老年问题研究动向

(1) 乡村老年设施建设问题与设计研究

随着国家对乡村建设和老龄化问题的日益重视，学界对该课题的关注度总体呈上升趋势，从 2003 年开始文献数量稳步增长，并在 2011 年达到顶峰，此后呈现一定波动。

以乡村地区居家养老为关键字的研究，主要从乡村老年居住环境、居家养老设施以及居家养老导向下的社区空间三个层面进行研究。白晶宝(2007)提出了东北农村老年居所的无障碍设计的一些策略；王燕(2013)对失地农民的住宅环境设计进行了分析；王洪羿等(2013)根据对老年人家庭住宅和自身特征等调研的结果，提出北方农村外部空间的适老设计原则；丁福峰(2015)对在居家养老模式下，沧州农村老年人的住宅、公共设施、道路交通、景观环境四个方面分别提出适老化改造建议；王彦栋(2015)调研了山东农村老年公寓居住的老年人对交往空间的满意度，提出了私密空间、模糊空间和公共空间的概念；马艳辉和周绍文

(2016)根据曲靖市农村养老设施现状提出居家养老设施规划设计的建议；王耀梁(2016)就成都农村社区居家养老环境，从养老模式、居家空间、社区外部环境和设施配套四方面提出策略；杨恒与赵斌(2016)对嘉兴农村居家养老社区户外环境进行设计；赵斌等(2016)针对浙北农村公共空间布局杂乱不合理、部分社区户外环境较差、社区户外适老性考虑欠缺、缺乏无障碍公共设施等问题，对户外景观进行设计；张宝心等(2017)利用低技策略对胶东居家养老农宅进行改造；陈舒婷(2017)对岭源村进行住宅适老化改建方法研究；孙悦(2017)对晋中农村民居院落进行改造研究。

以乡村地区互助养老为关键字的研究，主要包括对既有"幸福院"设施的问题分析和提出新互助养老设施两方面。陈凯(2012)通过调查和统计探讨农村空巢老人对室内外居住环境的养老行为需求，提出适应国情的农村互助"幸福院"设计方法；贾飞(2015)根据农村环境与老年人特点，提出适合农村老年人生活和养老方式的互助养老空间设计方法；陈云凤(2018)通过实地调研和问卷分析探讨冀中农村空巢老人室内外空间的互动交往需求，并为农村互助型养老设施的建设和发展提供了一定的设计指导。

在乡村敬老院方面，最早的文章可以追溯到张伯扬(1990，2001)发表的敬老院设计说明；刘易和李晶源(2014)结合西南农村老人的生理和心理特征，对西南地区农村敬老院室内外环境进行探讨；张潇和陈晓卫(2015)阐述了磁县中心敬老院的设计特点和方法等。

在农村养老设施综合研究方面，王洪羿等(2012)通过对北方地区城乡养老设施的实地调研，围绕老年人视觉环境、知觉体验、空间感知度和建筑空间构成的整体性进行分析，探讨并提出对现有的养老设施建筑空间的改进措施；王晓健与闫楠(2014)归纳了一些农村养老设施的建设现状，指出了由于服务对象的特殊性和环境的特殊性造成农村养老设施本身的特殊性；肖驰(2016)通过研究我国村落养老的建筑环境和体系结构，对我国村落养老环境进行重新定义与划分；李术(2017)对湖南乡村集体养老建筑与居家养老建筑现状问题提出了相关的设计策略。

此外，还有从城乡规划层面对老龄化问题进行的研究，如陈小卉和杨红平(2013)以分析老龄化背景下城乡规划应该关注的居住、交通、公共服务设施和空间等要素，提出了具有老年友好特点的城乡整体环境规划编制；张立和张天凤(2014)以广东村镇地区为研究对象，通过调研从农村和城市两个视角探讨了养老服务的需求特点和供给困境。

(2) 乡村养老服务需求及服务提供研究

对于养老服务的研究涵盖社会学、管理学、政策学、人口学、经济学、伦理学等多学科，学者主要从政府角色和政策制度的上层设计、社会支持网络、问题导向的服务供需研究，以及服务需求评估调研、乡村居家养老服务的内外部支持、城乡公共服务均等化下的乡村老年服务等方面进行探讨。与本研究相关度较大的文献分为以下两个方面。

一是基于开放数据或地区个案的乡村养老服务需求和相关因素的调查分析。①对乡村老年人真实养老需求意愿与强度的描述性研究，并且从传统定性描述研究转为更客观地以实地调研数据为基础的定量型描述研究，如郭竞成(2012)对浙江、黄俊辉(2014)对江苏、王振军(2016)对甘肃、李兆友和郑吉友(2016)对辽宁乡村地区老年人服务需求的调查，基本运用描述性与相关性统计分析方法。②对乡村养老服务选择的影响因素的解释性研究，如宋宝安(2006)以黑龙江与吉林等案例指出老年人养老意愿受性别、年龄、受教育程度、婚姻状况影响；赵德余、梁鸿(2006)通过统计分析和边际函数分析得出家庭结构变化、基础设施与经济收入、服务资源三个影响因素；孔祥智、涂圣伟(2007)运用无序多属性反应变量的Logit模型分析了中国东南部地区案例，指出年龄、性别、受教育程度、职业状态等个体特征对农民养老意愿影响显著；张胆(2009)通过回归分析认为个人经济收入来源、个人教育与婚姻状况、个人家庭规模与居住状况三者影响服务选择；陈建兰(2010)发现文化程度、儿子数量和养老金收入对空巢老人选择机构养老服务具有重要影响；刘华、沈蕾(2010)通过江苏案例指出乡村老年人养老意愿受经济来源是否稳定和地区经济发展水平的影响；彭旋子(2011)通过比较分析归纳法、二元回归逻辑模型得出影响因素主要是思想观念和经济支持；王洪娜(2011)发现养老服务偏好主要受年龄、性别、配偶情况、健康状况、有无子女等因素影响；刘春梅(2013)通过计量分析得出社会保障和服务资源两个影响因素等。

二是新型城镇化背景下乡村老年服务的现状与问题研究。乡村养老服务供给由家庭模式向社会化模式的转变是不可逆的趋势。李德明等(2009)发现社区服务可以缩小由城乡、年龄、家庭支持差异造成的老年人生活满意度差异，因此乡村老年人的社区服务需求较城市老年人更为迫切，但是，由于长期以来的城乡二元结构，以及倾斜城市的经济社会发展战略，大部分乡村地区经济能力不足，公共服务匮乏；丁志宏、王莉莉(2011)发现目前我国社区居家养老服务存在着明显的城乡不均等现象，且各类服务存在供需矛盾；谷彦芳、柳佳龙(2014)根据伊瓦思的福利三角理论构建了新型城镇化背景下，由国家的社会养老服务、市场养老服务、家庭养老服务构成新型乡村社会养老服务体系，同时还提出乡村养老服务供给应根据服务体系发展的不同阶段及农村养老服务产业发展程度来决定服务供给分配；陈静(2016)认为新型城镇化的发展导向从供需两方面为乡村老年问题的解决提供了新的契机和挑战，即产业转型和延伸为需求满足提供了经济、设施、人力等资源条件，养老意识的转变成为新的诉求，将推动政府政策、社会市场的回应，有利于乡村社会化养老事业的进程。

(3) 乡村老年人的生理与心理特征研究

有关乡村老年人的研究从医学、心理学、卫生护理学科切入的文献较多，其中一部分研究与服务建立联系，另一部分针对乡村老年人自身生理、心理特性进行观察、描述、解释和对比，这些文献有利于对乡村老年人的特性形成初步认识。

关注乡村老年人的生理状况，如周俊等(2008)通过问卷对528名农村老年人进行调查，得出59.28%的老年人患有一种或几种慢性疾病；尹志勤等(2012)通过问卷和ADL(日常生活活动能力)量表对浙江省2 184名乡村老年人进行调查，结果显示，浙江省乡村老年人两周患病率较高，存在着慢性病与感染性疾病的双重负担，糖尿病和冠心病已成为近年来影响老年人健康的重要疾病等。

关注乡村老年人的心理状况，包括主观幸福感和生活满意度等。如李建新、张风雨(1997)、薛兴邦等(1998)、邱莲(2003)等对乡村老年人心理健康状况进行相关性研究并归因于婚姻、子女数和经济情况；孟琛、项曼君(1996)研究发现北京乡村老年人总体生活满意度较城市高，并从个体的价值观和期望值进行了解释；陈彩霞(2003)对北京城乡五个方面的需求状况及生活满意度作了比较；冯晓黎等(2005)通过生命质量量表、老年人生活满意度量表对长春305名乡村老年人进行入户问卷调查，得出老年人生活质量平均分和生活满意度评分，并分析了影响两个评分的因素；胡军生等（2006）对江西省160名乡村老人进行了调查，结果显示乡村老人主观幸福感显著低于城市老人；李德明等（2007）分析发现与城镇老年人相比，乡村老年人的生活质量较差，主观幸福感（包括生活满意度与情感体验）较低。

1.2.3 研究动向小结

（1）目前，我国对乡村老龄化问题的研究成果集中在社会、经济、政策学等领域，而建筑规划学科对老年问题的研究大多集中于城市社区、住宅与公共环境，对乡村的重视程度不足。随着目前国家对乡村建设和老年建设的重视程度加大，建筑规划学科在这一大发展需求的趋势中也应有所作为。

（2）建立乡村老龄化问题的地域差异认识并有意地进行区分是展开研究的前提。乡村在城乡内部资源分配、利用和占有等方面都处于劣势地位，需求和资源的差别必然使得城乡解决老年问题的途径有所差异。有学者甚至认为如果是由城市研究人员开展研究，乡村的问题将不会得到解决（Pong、Pitblado，2001）。同时，在中国现代城市化进程和乡村建设目标理念的不断更新中，乡村本身的含义和城乡之间的边界也在发生变化，如果把地方作为一个简单的“容器”，“老年人”作为一个同质的类别，就不能充分认识到需求的多样性（Wiles等，2012）。因此，认识到乡村老年问题相对城市问题的特殊性，并将乡村现象作为独立的研究对象是展开相关研究和制订策略的前提。乡村的高异化度使得对研究标的的界定变得重要，因此，应当对研究对象进行定义与分类，区分不同老龄化成因和不同环境基础可能导致的不同解决方案。国内许多研究仍将乡村视为一个笼统概念进行讨论，因而所提建设策略存在类似性、同质性严重的现象，降低了参考价值。

（3）由于老年问题研究相比政策实践相对滞后，关键词语缺乏定义、概念不清，许多约定俗成的名词或概念还没有得到明确定义与区分。如养老模式中个人、居家、社区、机构和社会养老的概念重叠，老年服务中对养老服务概念界定和外延内容矛盾，老年设施中对各种设施名称的混用等，也为研究开展带来一定障碍。

（4）在研究方法上，国外既往文献强调了“实地研究”和“在地行动”对这一议题的重要性，应当避免先入为主的观念，通过更多的数据收集和分析技术（Krout，1988），将老年人的真实生活环境和经验作为行动的起点。同时，应当建立相应的理论研究框架，避免导致“数据丰富和理论贫穷（Data rich and theory poor）”（Birren、Bengston，1988）的问题。而我国文献依赖于经验的研究结论较多，对现状和问题的阐述也缺少纵向深究，在定量与定性研究方面的方法选取和使用仍需进一步加强。

1.3 本书的研究定位与内容

纵观目前乡村老龄化及养老服务体系建设现状，仍有许多问题尚待回答：现阶段我国乡村养老服务体系及养老硬件设施建设是否存在问题，问题产生的根源是什么；乡村老年建设的可能性，即在当下的内外部环境中有什么契机容许与推动乡村老年建设发展，应当如何利用这些机遇;如何在这一多学科综合性问题中,建立建筑学在该问题上的研究范围与策略框架……综上,本书研究试图通过探究寻求以上问题的解答,以乡村作为大语境,厘清范围和相关概念,以多学科的视野,植根乡村老年问题的经济社会内因,使用科学评估工具和方法进行实地社会性调查,在广泛发现问题的基础上进行建筑学的实际干预,最后形成一套系统的理论模型(图 1.2)。

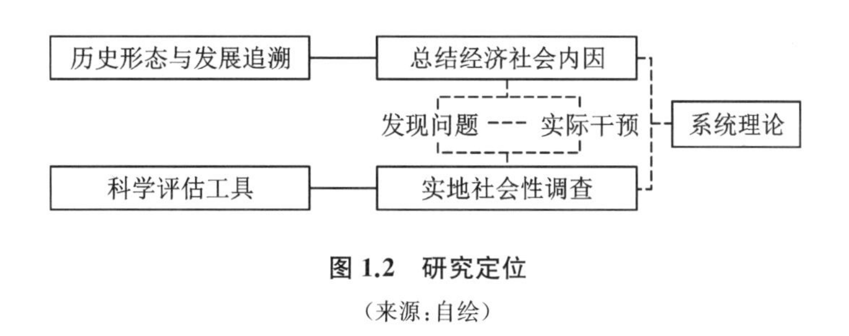

图 1.2 研究定位

(来源:自绘)

本书研究内容从主体和目的两方面,可分别归结为三个关键词和五个部分(图 1.3)。首先,从研究的主体而言可以拆分为“乡村”“老年”和“规划与建设”三个关键词。

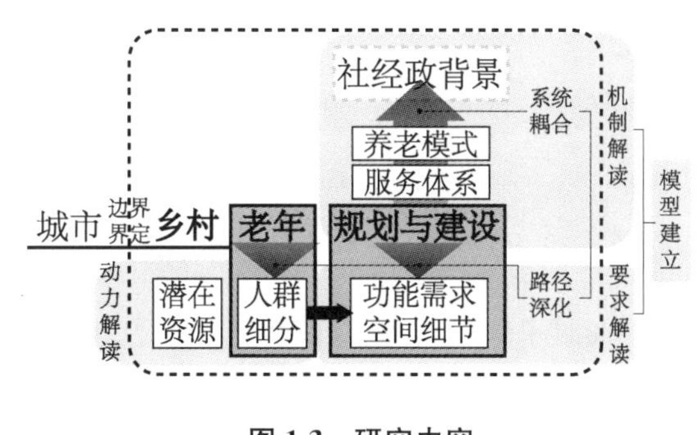

图 1.3 研究内容

(来源:自绘)

——“乡村”

① 以乡村社会经济政治背景作为整个研究的大背景。

② 探察与整理乡村的潜在养老资源,以此作为构建老年社会支持体系的基础。

——“老年”

① 在乡村定义前提下确定乡村老年人的定义,以乡村老年人作为独立研究对象。

② 通过人群细分等手段探求乡村老年人对服务和空间的需求,以此作为建设的核心依据。

——“规划与建设”

① 论证老年空间规划与设施应受到社会经济政治背景的推进和制约,通过服务体系和养老模式两个层级向上联结。

② 针对目前乡村老年建设策略停留于经验认知和笼统口号,基于实地调研数据,根据

人群需求量化建立空间模型。

其次，研究内容从每部分的目的而言可以分为"动力解读""机制解读""要求解读""模型建立"，以及"实践探索"五个部分。

——"动力解读"是通过对建成设施环境使用实态的调研观察，进行问题归因并以此发现乡村老年建设提升的动力，分为外在动力的资源未利用和内在动力的要求未满足两个方面，分别解释了课题的可行性与必要性。

——"机制解读"的前提是承认养老问题的学科综合性，尤其是强烈的社会学和管理学性质，这要求在进行老年空间设计时，必须植根于乡村经济社会政治大背景，解读养老相关设施类型和空间形态出现的背景，进一步理解现存设施的表象问题。

——"要求解读"是以以人为本、在地研究为原则，综合运用环境行为学、建筑计划学、社会调查方法与统计学等学科方法，对选定研究标的中的老年人进行问卷、访谈、观察、记录，对他们对老年服务的具体需求、日常生活的规律与特性、对空间的偏好与特点等进行量化和分析，防止先入为主或脱离实际的观念，以实际使用者特性作为指导空间设计的依据。

——"模型建立"是在动力、机制、要求的解读基础上，从政策、服务体系、规划到设施空间设计几个层次，建立乡村老年建设的内容体系和空间模型。

1.4 重点概念界定区分

1.4.1 浙北地区

"浙北地区"的说法主要来源于地理概念，横跨太湖—长江流域与钱塘江流域两大水系，大致包括嘉兴、湖州、杭州钱塘江以北的区域。根据《浙江省第二次农业普查资料汇编》中的统计数据，截至 2012 年，杭、嘉、湖分别有行政村 3 664 个、960 个、1 104 个，由于资料不足，杭州的数据依然包含萧山（表 1.1）。

表 1.1 浙北地区村庄基本情况

	基本数据（单位：个）				地理分类（单位：个）		
	行政村*	自然村*	贫困村**	少数民族村	平原	丘陵	山区
杭州	3 664	14 815	296	22	733	976	1 954
嘉兴	960	17 561	0	0	957	2	0
湖州	1 104	11 705	113	4	662	255	169

注：* 包括空壳村，** 均为省以下行政机构所定的贫困村。

（来源：根据《浙江省第二次农业普查资料汇编：农村卷》的相关数据整理形成）

在经济水平方面，根据浙江省社科院发布的 2017 年度《浙江蓝皮书》的数据显示，2016 年前三季度省内农村常住居民人均可支配收入，嘉兴以 24 066 元领跑，其次是宁波和绍兴，分别为 23 645 元和 22 899 元；杭州以 21 404 元排在第四位。[①]

在老龄化状况方面，根据浙江省老龄工作委员会办公室发布的 2015 年浙江省老年人口状况和老龄事业发展状况数据，全省老年人口呈现东北高、西南低的地区差异。2015 年年底，浙北和浙东的杭州、宁波、湖州、嘉兴、绍兴、舟山等市老龄化程度均超过 20%，嘉兴、湖州、杭州在全省老龄化系数排名中分别排第一(24.30%)、第三(23.19%)、第六位(20.86%)。从《浙江省第二次农业普查资料汇编：农民卷》的数据中可以进一步了解浙北乡村地区的老龄化状况(表 1.2)。

表 1.2 浙北农村家庭户常住老年人口数量

	总人口	60～64 岁	65～69 岁	70～74 岁	75～79 岁	80 岁以上	农村老龄化率
杭州	3 171 240	147 764	114 294	119 435	81 384	70 378	16.8%
嘉兴	2 245 900	120 099	89 171	84 145	59 086	49 397	18.0%
湖州	1 731 396	82 351	66 861	66 425	47 303	39 843	17.5%

(来源：根据《浙江省第二次农业普查资料汇编：农民卷》的相关数据整理形成)

在政策环境方面，浙江省同时作为经济大省和老龄化大省，具备较早开展解决乡村养老课题的经济和意识基础。到目前为止，地方政府已出台多项政策，逐步推进乡村养老事业的展开(表 1.3)。

表 1.3 浙江养老事业发展政策环境

2007	● 在全省农村社区试点推行“社区老年福利服务星光计划”，建设了 4 000 多个具有生活服务和文化教育功能的“星光老年之家”
2012	● 全省各地老龄、建设部门有计划、有步骤地推进“老年友好型城市”和“老年宜居社区”建设 ● 启动十大老年养生旅游示范基地评定活动
2013	● 居家养老覆盖的老年人数达 319.43 万人(《浙江省人口老龄化和发展养老产业研究》课题研究报告) ● 提出到 2015 年基本形成 97%的老人享受居家养老服务，不低于 3%的老人到养老机构接受服务，不低于 2%的老人直接享受政府购买的养老服务的“9732”总体布局。基本建成以家庭养老为基础、社会保障为支撑、社会养老服务为依托、社会安养环境为支持的有浙江特色的新型养老模式。新建城乡社区居家养老服务照料中心 5 000 个，新增养老机构床位 2.8 万张，建设护理型床位 1.5 万张，实现城市社区居家养老服务照料中心全覆盖，三分之二的农村社区建有居家养老服务照料中心 ● 提倡社区居家养老和该模式下的医养结合 ● 推动居家养老服务站和“星光老年之家”向社区养老服务照料中心或小型养老机构转型

① 浙青网. 省社科院发布 2017 年度《浙江蓝皮书》2016 年浙江最富的农村在嘉兴[EB/OL].[2017-01-11] http://m.qnsb.com/index.php? a=show & catid=81 & id=85613.

（续表）

2014	● 浙江老龄事业发展主要指标，包括城镇职工及城镇居民医疗保险参保人数、养老机构床位数占老年人口比率等都已超额完成，但农村老龄事业发展仍然是薄弱环节，老年社会保障的公平与可持续性仍待提升[《关于浙江省老龄事业发展“十二五”规划中期评估情况的报告》(2014)] ● 省政府鼓励引导有条件的农村，通过兴建村老年公寓、幸福院和配套服务设施，开展“以宅基地换养老”等方面的探索，切实加强农村养老服务 ●《浙江省人民政府关于发展民办养老产业的若干意见》(浙政发〔2014〕16号)鼓励社会力量对闲置的医院、学校、企业厂房、商业设施、农村集体房屋及其他可利用的社会资源，进行整合改造后用于养老服务。在符合土地利用总体规划和相关城乡规划前提下，允许利用村集体建设用地建设农村养老机构 ● 老年医养服务出“省标”，标准化管理上台阶，主要包含3个方面：医养院机构准入标准、工作人员行为规范和老年康复护理体系规范。其中，中晚期老年痴呆生活能力康复护理规范和失能偏瘫老人生活能力康复护理规范是重点 ○《湖州市人民政府关于加快发展养老服务业的实施意见》(湖政发〔2014〕26号)要求突出养老服务产业化，全力扶持民办养老产业发展；突出养老服务均等化，努力推进城乡统筹发展；突出服务队伍专业化，着力提高养老服务质量水平；突出工作监管规范化，大力促进养老事业健康发展
2015	● 全省共有市县养老服务指导中心88个，乡镇(街道)养老中心1 275个，社区(村)居家养老服务照料中心1.3万多个、居家养老服务站(星光老年之家)1.6万多个，日间照料及托老床位近12万张；有老年食堂7 000个，老年活动中心(室)2.3万个。全省已有18万老年人享受了居家养老服务补贴，特别是对于列入“一类对象”的低保家庭中的失能、失智老年人，给予每人每年不少于6 000元的补贴 ● 省民政厅启动《浙江省实施〈中华人民共和国老年人权益保障法〉办法》修订工作，并全面落实《浙江省社会养老服务促进条例》。相关法规要求首先提升养老服务的水平，重点发展居家与机构相融合的社区养老、医疗与养护相融合的健康养老、数据与服务相融合的智慧养老、市场与政府相融合的产业养老、物质与精神相融合的文化养老，同时加速养老服务设施的建设 ●《浙江省社会养老服务促进条例》正式实施，是全国首部由省人代会通过的社会养老服务地方性法规，包含界定社会养老服务的概念，明确政府在社会养老服务中的职责，确立居家养老服务体系，规范公办养老机构的定位和收住范围，明确对民间资本的激励保障措施，强化对养老服务人员队伍建设的要求等六部分内容 ○湖州市质量技术监督局发布《养老机构服务与管理规范》(DB3305/T 35-2015)、《城乡社区居家养老服务与管理规范》(DB3305/T 36-2015)两个养老服务地方标准
2016	● 年底浙江90%的城乡社区将建起居家养老服务照料中心，每千名老年人拥有养老机构床位数不少于36张，其中护理型床位占比不低于40%，民办(民营)机构床位占比力争达到55%。浙江省已确立了以家庭为基础、社区为依托、专业化社会化服务为支撑的居家养老模式，居家养老服务已基本覆盖所有城市社区和75%的农村地区
2017	● 年底全省城乡社区将实现居家养老服务全覆盖，形成20分钟居家养老服务圈

注：● 表示全省情况，○表示杭嘉湖地方情况。

（来源：根据政府资料整理形成）

在建设水平方面,浙江统计信息网专题研究曾通过主成分法和因子分析法对浙江农村社会事业发展水平、医疗水平、基础设施等进行综合评估,将其划分为发达型(表现出色)、较发达型(表现较好)、中等(表现一般)、后进型(表现较差)和落后型(表现差)5 大类型。在基础设施和农村社会事业整体发展水平方面,杭嘉湖地区都处于中上等水平,嘉兴有八成以上为较发达村和发达村,落后村和后进村的比重仅为 1%;湖州有半数以上为较发达村和发达村,落后村和后进村的比重仅为 2.2%(表 1.4)。

表 1.4 各市农村平均综合评价得分

位次	文教事业	医疗保障	基础设施	居住环境	村务管理	综合
1	嘉兴 0.36	嘉兴 0.22	嘉兴 0.44	宁波 0.36	宁波 0.31	嘉兴 0.19
2	宁波 0.20	湖州 0.19	湖州 0.24	嘉兴 0.18	湖州 0.15	湖州 0.11
3	舟山 0.17	舟山 0.18	宁波 0.07	湖州 0.17	台州 0.14	宁波 0.09
4	绍兴 0.07	宁波 0.13	杭州 0.03	绍兴 0.17	嘉兴 0.11	绍兴 0.05
5	杭州 0.07	绍兴 0.04	绍兴 0.03	杭州 0.14	金华 0.03	舟山 0.03
6	湖州 0.06	杭州- 0.01	衢州- 0.01	舟山 0.09	杭州- 0.03	杭州 0.03
7	金华- 0.02	衢州- 0.02	金华- 0.04	温州- 0.04	温州- 0.04	台州 0.01
8	台州- 0.03	温州- 0.03	舟山- 0.03	台州- 0.06	舟山- 0.05	金华- 0.01
9	丽水- 0.09	金华- 0.04	台州- 0.05	丽水- 0.14	绍兴- 0.07	温州- 0.01
10	衢州- 0.11	台州- 0.06	温州- 0.06	衢州- 0.17	丽水- 0.17	衢州- 0.04
11	温州- 0.11	丽水- 0.08	丽水- 0.11	金华- 0.19	衢州- 0.31	丽水- 0.19

注:全省均值趋近 0。

(来源:根据《浙江农村社会事业发展问题研究》资料绘制)

总体来看,浙北地区乡村人口老龄化特征及养老事业发展情况呈现问题严重和基础较好两个特征。问题严重指乡村老龄化问题在全省乃至全国都相当突出;基础较好指总体经济发展水平处于全国前列,乡村居民已从基本生活保障问题中跳脱出来,养老问题具有解决的优先级。良好的经济基础也成为地区建设的有力支持,使得当地对乡村规划与建设从意识到行动都启动较早,具有相对先进的乡村建设水平和养老事业发展水平,由政府引导与支持下的乡村各类基础设施建设状况相对较完善,这种基础使得对已建成使用环境及其所遵照的建设思路与规则评判具有可能性,而村民意识、行动能力也具备养老设施建设“从有到优”改造升级的可能性。而且,浙江省高度重视统筹城乡发展,具有全国领先的城镇化水平,浙江乡村老年建设的研究经验将对我国其他地区在城乡一体化背景下解决乡村养老问题提供先行实践参考,因此以浙北地区作为本研究的研究标的具有可行性和现实意义。

1.4.2 农(乡)村与农(乡)村社区

"农村"一般用于定义与城市相对的以从事农业生产为主的农业人口居住的地区。随着城镇化进程,农村也在所有制结构上从单一集体经济转向农户、集体、新经济体,在产业结构上由农副业转向农、工、服务业,劳动及从业结构上由农转向非农,社会结构上由血缘亲缘向业缘等多方面转型,单凭是否务农已经不再能严格区分城市与非城市地区。而鉴于目前已出台政策和大部分过往研究中依然沿用"农村"一词以指代非城市地区,因此本书不对"农村"和"乡村"作概念区分,一般叙述中以"乡村"为主,对于文献和条例中带有的"农村"则原样引用。乡村(Rural)概念的确定是探讨乡村老龄化问题的基础,本研究考虑老年人个人状况与当地资源在不同发展程度的乡村中情况不同,对乡村进行针对性选取和分类讨论,将在后文中进一步阐述。

"社区"由滕尼斯(F.Tönnies)最早提出,他将社区理解为建立在"本质的意识"上的一种"自然社会",是一种包含地缘、精神和血缘的生活共同体,他在对比"共同体"与"社会"概念后认为这种共同体的外延就是传统的乡村。在我国,费孝通等在1935年第一次将美国社会学家帕克(R. E. Park)论文中"community"一词翻译成为"社区",用于表示一种"地缘组织的人类共同体"的"特殊社会组织"。[①] 由此,乡村社区是指城市外的、一定范围内的、具有互动关系和文化维系力的人口与区域社会组织,是一种居住、生产和生活统一体。与城市社区相比,乡村社区的人际内聚力的联系力更紧密,生产功能更突出,设施共有性更强,生态地位更重要。而我国于2006年提出了"农村社区建设"目标,《中共浙江省委、浙江省人民政府关于推进农村社区建设的意见》(浙委〔2008〕106号)中定义农村社区是"由一定的地域人群、按照相近的生产和生活方式、实行共同的社会管理与服务所构成的农村基层社会生活共同体"。农(乡)村与农(乡)村社区的区别似乎在于基层管理体制的不同。本书在第六章中集中出现"农(乡)村社区"这一用语,其中对已出台政策将延续目前"农村社区"的惯用说法,而写作部分则为保持前后主题词连贯,使用"乡村社区"一词,同样不再深究两者的确切差别。

1.4.3 老年人与乡村老年人

国际上一般定义65岁以上人群为老年人,而根据我国1996年颁布的《中华人民共和国老年人权益保障法》相关规定,现阶段以60周岁作为老年人的年龄划分界限。根据我国国情,乡村老人可以从广义的居住地和狭义的户籍类型两个方面定义,考虑到户籍类型直接联系于各项社会经济制度,以及城乡差异中乡村环境对其中生活的老年人的影响,因此从年龄、户籍和常住三方面限定乡村老年人为长期居住在乡村地区且具有乡村户籍的60岁以上人群。

1.4.4 老年服务体系与老年建设

我国老龄化相关研究仍处于起步阶段,对于老年服务、老年服务体系、老年设施、老年建

---

① 詹成付,王景新.中国农村社区服务体系建设研究[M].北京:中国社会科学出版社,2008.

设等近似概念没有明晰定义。首先，“服务”指一种或一系列可供有偿转让的无形但可带来利益或满足感的活动，可以被分为公共服务和非公共服务，其中凡是满足人们的公共需求、具有公共品性质的产品和服务就是“公共服务”，具有非竞争性和非排他性。其次，公共服务又能根据人们需求的公益性程度及其需求满足中对政府的依赖程度的不同，被分为基本公共服务和非基本公共服务，前者是政府必须承担和满足的公共产品和服务，后者则可以通过政府以外的社会组织或市场来提供(项继权，2008)。我国乡村公共服务根据内容，可分为针对农业经济活动需要而提供的各类生产和流通服务，与针对农民生活需要而设立的公益事业机构；也可以按照提供者的不同分为由县乡镇政府提供的政府公共服务、由乡村自治组织提供的社区内部公共服务，以及个人为中心的村民自助互助服务。由此，“老年服务”一般指为老年生活所提供的各类照料和服务，包括家庭和社会（政府、组织、企业）等主体提供的物质保障、精神慰藉、制度安排等多种支持服务的总和。从服务提供主体看，老年服务一方面可以沿用养老模式的说法分为社会（机构）、家庭、社区养老服务等，另一方面可以按照社会支持网络的理论划分为亲友网络的非正式支持和政府、机构提供的正式支持；从服务的内容看，养老服务可以针对老年人需求划分为供养、医疗、学习、娱乐、尊严等。

其次，根据国家政策中的定义，公共服务体系是以乡村社区为平台和中介，将政府提供的公共服务与社区自治和管理服务有效衔接起来，共同为社区居民提供完善的公共服务制度与政策支持体系、基础设施体系和组织体系的总称。因此，老年服务体系即可定义为“老年服务体系”＝老年相关政策（及指导下的“养老模式”，详见后文）—“老年服务”—“老年设施”，而老年服务体系的营建则应当包含对老年支持提供方和接收方的政策支持，医疗、照护、娱乐等老年服务支持，以及居住、供养、活动等老年设施建设几个层面的路径与策略内容。

2 现象中的问题:乡村老年设施的发展历程与现状

从新中国成立初期的敬老院等五保供养机构,到乡村"星光老年之家"、互助幸福院,再到逐步兴起的乡村居家养老服务中心以及医养结合日间照料中心等,乡村地区的养老设施建设从未停下脚步。而这些建成设施是否已经较好地支撑了乡村老年人的养老需求,其建成环境、运行和使用状况是否具有提升空间,是未来乡村老年支持体系发展的重要立足点与切入点。因此,本书将依据目前存在的乡村老年相关设施的种类、发展与建设要求,通过对不同种类设施的实地走访,从现象中发现与归纳问题,从问题中探求乡村老年设施建设的发展契机和方向。

2.1 乡村敬老院及五保供养服务机构

植根于集体经济时期"五保制度"之上的乡村敬老院与五保供养服务设施,是我国最早的乡村养老服务设施类型,并伴随新中国前进的步伐留下了自身动荡的发展轨迹。敬老院的雏形是1951年河南省唐河县出现的一种村民自愿联合安置孤老残幼的设施,经国家内务部推广后,1956年黑龙江省拜泉县兴华乡创办了新中国第一个敬老院——"兴华养老院"。人民公社时期,敬老院在政策倡导下空前发展,1958年年底全国兴办数量达到15万所,共收养300余万鳏寡孤独老人。而在经历了三年困难时期以及"文革"后,敬老院一方面在数量上大量减少,不少转变为老人生产院和集体的"花子房",另一方面供养质量极为低下,成为名存实亡的老年服务设施。直到家庭联产承包责任制实施后,敬老院经由"村提留乡统筹供养时期"才又逐渐复苏。1997年发布的《农村敬老院管理暂行办法》明确了敬老院作为农村集体福利事业单位的供养对象、经济保障、院务与财产管理、生产经营、工作人员等条目,标志着以五保供养为基础的敬老院走向规范化、正式化。截至2014年年底,全国共有五保供养对象531.6万人,农村五保供养服务机构床位277.9万张。

直到现在,敬老院与五保供养服务机构依然是乡村养老服务设施中最重要的一类。由于敬老院本身服务对象和性质特点,对集体或国家补助有较大依赖,因此表现出对政治环境变化的高敏感:经历人民公社时期政策推动,三年困难时期带来的经济恶化,以及家庭联产承包责任制中以乡镇政府为主体的乡村五保供养政策,乡村敬老院数量经历了"快速增长—快速衰减—稳步恢复—制度化"的变化过程。

敬老院及五保供养服务机构的主要服务对象为五保户,根据2006年《农村五保供养工作条例》的规定,"老年、残疾或者未满16周岁的村民,无劳动能力、无生活来源又无法定赡养、抚养、扶养义务人,或者其法定赡养、抚养、扶养义务人无赡养、抚养、扶养能力的,享受农村五保供养待遇"。2008年的《中共中央、国务院关于加强老龄工作的决定》则提出"要进一步完善农村五保供养制度,提高供养水平,扩大敬老院的服务范围”,即鼓励有条件的敬老院在以五保老人为优先的前提下也可以向社会老人开放,而目前敬老院普遍因为建设规模不及需求、政府尚未定夺、收费标准较高等状况,接受社会老人的情况较少(马红,2010)。

在建设规定方面,与敬老院和五保供养服务机构相关的文件有《农村敬老院管理暂行办法》(2010 年废止)、《敬老院设施建设指导意见(试行)》(2009)、《农村五保供养服务机构管理办法》(2010)以及 2015 年出台的《农村敬老院建设标准(征求意见稿)》,从规模、选址、各类功能用房的构成等方面明确了农村敬老院的建设。其中《农村敬老院建设标准(征求意见稿)》是在《敬老院设施建设指导意见(试行)》(2009)的基础上,进一步细化每一类规模对应的功能用房及相应的面积指标,并对建筑的无障碍、色彩、标识、配套设施等进行了规定和引导。《农村五保供养服务机构管理办法》(2010)与《农村五保供养工作条例》(2006)一样,主要是对五保供养机构服务内容进行了规定。乡村敬老院及五保供养服务机构的特点、建设要求,以及建成实例现状调查基本情况如下(表2.1、表 2.2)。

表 2.1 乡村敬老院及五保供养服务机构的特点与建设要求

发展趋势	启动—快速增长—快速衰减—稳步恢复并规范化
模式基础	集体、国家资助的福利型机构养老
针对对象	五保户(后可接受少量社会老人) “优先供养生活不能自理的农村五保供养对象” [《农村五保供养服务机构管理办法》(2010)]
服务范围	一社一院,现为一乡一院
建设要求	规模按 60 张床位/每百名五保供养对象;宜设自理老年人居住区、失能老年人居住区和痴呆老年人居住区;建设内容需满足老年人在院内生活的基本需要,具备生活照料、卫生保健、康复训练、文化娱乐、精神慰藉五项基本功能。敬老院老年人用房包括生活用房(居室、沐浴室、餐厅、会客聊天厅、护理员值班室)、卫生保健室、文化娱乐用房(棋牌室、阅览室、多功能活动室)、康复训练室、心理咨询室、临终关怀室,此外还有接待、行政和附属用房,还应包括生产经营性区域、室外活动、绿化、停车、衣物晾晒等场地,生活区和生产区应分设;老年人用房不宜超过三层,建筑层高应控制在 3.3~3.6 m。老年人居室以 2 人间为宜,人均居住使用面积不小于 6 m^2 [《敬老院设施建设指导意见(试行)》(2009)]
	规模在原则上不少于 40 张床位;为每名农村五保供养对象提供使用面积不少于 6 m^2 的居住用房;应当建有厨房、餐厅、活动室、浴室、卫生间、办公室等辅助用房;配置基本生活设施,配备必要的膳食制作、医疗保健、文体娱乐、供暖降温、办公管理等设备;有条件应当具备开展农副业生产所必需的场地和设施。有条件的农村五保供养服务机构可以设立医务室 [《农村五保供养服务机构管理办法》(2010)]

（续表）

建设要求	规模按60～70张床位/每百名五保供养对象；农村敬老院各类用房应当包括五保供养对象用房、管理用房（管理室、财务室、资料档案室、会议室）和附属用房（厨房餐厅、洗衣房、门卫、库房、设备房、工作人员宿舍），其中五保供养对象用房包括五保供养对象接待（接待室、总值班室）、生活（居室、公共浴室、护理员值班室）、康复（药品室、卫生保健室、康复训练室、临终关怀室）及活动用房（阅览室、书画室、棋牌室、综合活动室），可以分别或合并设置；健身活动场所（绿化、室外活动）和停车、露天堆场、作业劳动场；建筑密度不应大于30%，容积率不宜大于0.9；绿地率不宜低于35%，；室外活动场地宜为3～4 m^2/人；衣物晾晒场地宜为30～50 m^2；每个生活居住单元的床位数以30～40张为宜；居室宜为2～3人间，两床间宜设置隐私帘，宜设置阳台；房屋层高宜为3.0～3.2 m，并不应大于3.5 m；并对每个功能房间的面积指标进行了规定，还对建筑的无障碍、色彩、标识、配套设施等进行了规定和引导 [《农村敬老院建设标准（征求意见稿）》(2015)]
	其他按照《老年人居住建筑设计标准》(GB/T 50340—2003)和《老年人建筑设计规范》(JGT 122—99)中的要求
服务提供	供给粮油、副食品和生活用燃料，供给服装、被褥等生活用品和零用钱，提供符合基本居住条件的住房，提供疾病治疗，对生活不能自理的给予照料，办理丧葬事宜。村民委员会可以委托村民对分散供养的农村五保供养对象提供照料 [《农村五保供养工作条例》(2006)]
	符合食品卫生要求、适合农村五保供养对象需要的膳食；服装、被褥等生活用品和零用钱；符合居住条件的住房；协同驻地乡镇卫生院或者其他医疗机构为农村五保供养对象提供日常诊疗服务，对生活不能自理的给予护理照料；丧葬事宜。应当提供亲情化服务，组织文化娱乐、体育健身等活动，丰富农村五保供养对象的精神生活。向分散供养的农村五保供养对象提供服务 [《农村五保供养服务机构管理办法》(2010)]

（来源：自绘）

表2.2 建成实例走访1：敬老院

浙江省M镇敬老院（兼残疾人托养中心）	
建筑情况	一层L形带院平房，占地面积1 300 m^2，建筑面积约300 m^2
功能配置	多间单人居住间（床位20），一个带电视、餐桌、沙发的活动室，饭厅，厨房，外建式卫生间。院内有花坛、少量健身设施和菜地
无障碍设计	无
使用现状	根据官方介绍，该院现有3名工作人员，院长1名，兼职会计1名，炊事员1名，集中供养五保老人10人，社会寄养老人1人。实际调查中，得知目前该院由1名后勤人员负责院内5名老人的饮食内容，有时也帮助照顾卧床老人，1名身体精神较好的在院老人总体管理院内工作，在其他生活内容上则根据各人身体状况进行自行管理和服务。后勤人员是附近村民，基本没有经过专业的照护培训
现场照片	自上左至右下：建筑入口、居住单间、院内健身设施、饭厅、厨房、活动室

（来源：自绘；平面图来源：课题组测绘；照片来源：自摄）

植根于集体经济时期“五保制度”之上的农村敬老院与五保供养服务设施，是我国最早的乡村养老服务设施类型，也是较少具有国家建设规范的乡村养老设施。然而建成环境对比建设规范落差较大，高、大、全的建设规范要求对应的多是仅能支持最基本生活行为的空间。同时，实际被动的自主化运营造成服务专业性缺失，导致其无论是在空间质量还是服务提供上都将非自理老人排除在外。建设要求高而建成环境低质、服务要求多而实际难以负担使得我国乡村敬老院的闲置床位多达 47.5 万张，利用率只有 78%。[①] 行政与社会保障领域的研究者认为关键性问题在于敬老院的定位、管理和运营，尤其是机构性质模糊所带来的自身发展和资金进入的障碍所造成的资金来源的单一化。《农村五保供养工作条例》中未明确规定敬老院的性质和主管部门，在全国三万余家农村敬老院中有近 2/3 的敬老院身份不合法[②]，这直接造成乡镇(街道)管理敬老院的职能错位、权责不分和负担加重；而无法人资格的特性也使其不能作为社会捐助的独立接受机构。另外，敬老院的封闭式管理体制，使得其与外界资源出入和相互反馈作用都十分微弱，在规划上表现为一乡一院的服务范围加大入住者与原社区的隔离感，造成设施自身活力与入住老人社会性两方面的丧失。

2.2 乡村“星光老年之家”

2001 年，民政部发布《社区老年福利服务星光计划实施方案》并投入 134 亿元资金，依托福利彩票在全国启动社区老年福利服务星光计划。该项目分三批先后在全国范围内建立了三万多家星光老年之家，基本在 2010 年前后实现了城市与乡村社区的大范围覆盖。浙江省也于 2007 年下发《浙江省“农村老年福利服务星光计划”实施方案》以启动浙江省农村“星光老年计划”百村试点工作，一年内全省建成并投入使用示范性乡村社区“星光老年之家”109 个，其中 75%以上设置了电视教学、图书阅览、文化娱乐、体育健身和生活服务等基本服务设施和功能，部分地区还统一制订了包括医疗、家政、送配餐、家电维修、养老金发放等内容的为老服务工作流程。[③] 2008 年省民政厅进一步推进乡村老年福利服务星光计划的实施工作，计划到 2010 年完成 1 万家。在 2013 年《中国老龄事业发展“十二五”规划》提出建立以居家为基础、社区为依托、机构为支撑的养老服务体系后，各地开始将日间照料中心、托老所、星光老年之家、互助式社区养老服务中心等社区养老设施纳入小区配套建设规划。

星光老年之家没有相关的建设规范，由各地自行规定建设标准，一般具有“四室一场一校”，即日间照料室、文体活动室、图书阅览室、卫生保健室，室外老年活动场地和老年学校，并且“城乡沿用统一的建设标准”。浙江是少数出台针对乡村地区“星光老年之家”政策的省份之一，《浙江省“农村老年福利服务星光计划”实施方案》(2007)中要求“充分利用农村社区

---

① 人民网. 调查显示农村空巢家庭已达到 45% 养老不如过去[EB/OL]. [2012-12-06/2017-6-26]. http://politics.people.com.cn/n/2012/1206/c70731-19808281.html.

② 搜狐新闻. 全国农村敬老院多破旧简陋三分之二是“黑户”[EB/OL]. [2012-12-06/2017-4-28]http://news.sohu.com/20121206/n359616368.shtml.

③ 浙江在线新闻网站. 浙江全面实施“农村老年福利服务星光计划”[EB/OL].[2008-01-09]. http://zjnews.zjol.com.cn/system/2008/01/09/009125792.shtml.

现有办公服务用房、敬老院、乡镇闲置房产、村级闲置学校等资源，与避灾工程建设、村级老年活动中心的改扩建相结合，完善其配套服务功能，做到物尽其用，资源共享”，并对乡村星光老年之家应提供的功能提出了简要要求。乡村“星光老年之家”的特点、建设要求，以及建成实例现状调查基本情况如下（表 2.3、表 2.4）。

表 2.3　乡村“星光老年之家”的特点与建设要求

发展趋势	启动—覆盖—衰落与转型
模式基础	国家资助的福利型社区/居家养老
针对对象	全体老年人（身体条件允许）
服务范围	无规定，浙江为一（行政）村一处
建设要求（地区）	建立健全社区为老服务档案，提供社区居家老人紧急援助、日间照料、家政服务，满足社区老年人文化、体育、娱乐等方面的需求 《杭州市“星光老年之家”管理暂行规定》(2003)
	每个“星光老年之家”应具备电视教学、图书阅览、健身活动、文化娱乐、生活服务等基本服务设施和功能，成为辖区内老年人的教育中心、活动中心、服务中心，重点为社区老人提供电视教学、文化娱乐、健身康复等服务，经济条件好、人口规模大的村可逐步发展住养、日托照料等服务 《浙江省“农村老年福利服务星光计划”实施方案》(2007)

（来源：自绘）

表 2.4　建成实例走访 2：星光老年之家

浙江省 D1 村星光老年之家（现已改名为养老服务照料中心）	
建筑情况	位于村中心二层公建的二层，一层为商业设施和儿童游乐空地
功能配置	棋牌室、电视室、阅览室、休息室
无障碍设计	无扶手，无电梯，无无障碍厕所
使用现状	使用人数较少，老年人基本在一楼小卖部门前聚集
现场照片 	 自左至右：外观、楼下小卖部聚集的老年人

（来源：自绘；照片来源：自摄）

在浙江省乡村地区全面推进居家养老服务设施后，多数乡村星光老年之家都转为老年照料中心等，主要的日间活动功能得到延续。而其他许多地区的星光老年之家则未能得到进一步的转型与财政支持，因此推行两三年后亏损与关门的现象并不少见，2015 年央视一项调查显示，这项历时 3 年耗资 134 个亿的资金的养老建设事业，如今很多已经被侵占、挪用。星光老年计划这一社区老年服务工程在较短时间内从蓬勃发展到问题重重，实际上集中反映了我国老年设施建设中的两个主要问题，一是重数轻质，在功能上避重就轻，只提供对空间要求较低的娱乐休闲功能，无形将更需要老年服务的非自理老人排除在外，功能上的局限性致使老年人参与热情较低；二是重建轻管，由于在项目设立之初未能明确后续运营管理的经费来源，彩票资金仅作为一种短期一次性投入，并未通过市场化运作机制提高资金的使用效率，“管建不管营”的短期投入容易在短时间内形成浩大声势，但这种后续运营管理费用持续跟进缺失，自身又缺乏造血功能的非持续性做法只会造成后续的混乱和衰败。

2.3　乡村互助幸福院

乡村互助幸福院的建设始于 2008 年的河北省邯郸市肥乡县前屯村，由村集体出资将村里废弃小学改造成供老人自我管理与互助的养老场所，入住者分担公共水电费用和日常生活费用，不仅顺应安土重迁的观念，还符合村集体与政府的经济实际，受到河北省政府的推广。2011 年该省下发的《关于大力推进农村社会养老“幸福工程”的通知》要求全省的村集体要采取新建、改扩建和租赁现有房屋等多种形式，为村内有需求的 60 周岁以上老人提供集中居住、互相照顾、自由生活的场所，并提供水、电、暖等必要的生活服务设施（陈凯，2012），同时要把互助幸福院建设纳入村庄规划，做到同步实施、同步使用。2011 年在邯郸召开的全国社会养老服务体系建设工作会议重点推广了肥乡的互助养老模式。随后，湖北、福建、河北、陕西等省也下发了推广农村互助养老服务工作和幸福院建设的相关意见，要求推进建设一个老年人互助照料活动中心，成立一个养老服务互助协会，配置一套满足基本服务需求的设施设备，建立一套日常活动管理制度，形成一个正常运行的长效机制的“五个一”目标。2013 年，财政部、民政部发布了《中央专项彩票公益金支持农村幸福院项目管理办法》，从国家财政层面上支持了乡村幸福院的建设。

乡村幸福院没有统一的建设规范，各地根据情况自行规定。一般以乡村社区为单位，利用村内闲置校舍和厂房等资源，设置棋牌室、阅览室、多人房、厨房等功能，通过村级主办、互助服务、群众参与、政府支持，以自治、自愿、自保、自助为原则运行。其建设、管理责任由村委会承担，管理人员由村干部兼任，照护清洁人员由院内老人互助充当，日常运行资金亦由老人自筹并共同分担基础生活设施费用，以最大限度地减轻设施的运营成本。河北肥乡的幸福院因启动较早，在管理方面具有一定先进性，已经为每一位老人建立了个人档案，实现了入住程序和档案管理的规范化，也有一套包括卫生值日安排得比较完整的内部规章制度。乡村幸福院的特点、建设要求，以及建成实例现状调查基本情况如下（表 2.5、表 2.6）。

表 2.5　乡村幸福院的特点与建设要求

发展趋势	启动—部分地区推进
模式基础	乡村自主形成为主、国家支持的互助式机构养老
针对对象	全体老年人(身体条件允许)
服务范围	一村一院
建设要求(地区)	需照料老人少于 20 人的,建筑面积不小于 150 m^2;超过 20 人的,不小于 200 m^2。具备“两室一厅一所”,即:休息室、娱乐室、餐厅、室外活动场所。其中,休息室不少于 2 间,每间不小于 15 m^2,每间配设 2 张以上单人床,配备被褥、枕头、床单、橱柜、热水瓶等日常生活用品,为入院老人提供临时休息场所。娱乐室至少 1 间,不小于 30 m^2;室内提供图书、报刊,配备电视机、棋牌及桌椅等设施,供入院老人开展文化娱乐活动。餐厅要有 1 间独立的操作间,灶具、餐具配备齐全,并有冷藏和消毒等设施;餐厅配备餐桌、座椅、纸篓、洗漱池、防蝇等设施,能满足 10 人以上入院老人正常就餐需要。室外活动场所安装 5 件以上室外健身器材,为老人活动锻炼提供方便。按照建设类型可以分为:(1)示范型,即在新农村建设中配套建设农村幸福院,或在经济条件较好的村,采取新建模式建设农村幸福院,既具备满足入院老人住宿、就餐、娱乐等需求的功能和设施,又具备为全村老人提供服务的功能和设施。建设标准是:宿舍 15 间以上,床位 30 张以上,设有休息室、活动室、服务室、阅览室、洗浴室、储藏室和餐厅等,配有室内健身和文化娱乐器材,室外休闲健身场地 200 m^2 以上,建有文体活动队伍,供暖和防暑设施完备,制度健全,管理规范。为农村幸福院落实3～5 分菜地。(2)基本型,即充分利用闲置校舍、厂房、村委会用房等房产资源,因地制宜推动农村幸福院建设,具备满足入院老人住宿、就餐、娱乐等需求的功能和设施,具有为全村老人提供服务的功能和设施。建设标准:宿舍 6 间以上,床位 12 张以上,设有休息室、活动室、服务室、洗浴室和餐厅等,配备基本供暖和防暑设施,有文化娱乐和健身锻炼场地,配备健身器材,制度健全,管理规范。为农村幸福院落实3～5分菜地。 (3)合作型,即利用闲置民房,通过租借、志愿者支持等形式,因陋就简,为老人提供共同生活场所,具备满足入院老人基本生活条件需求的功能和设施,具有基本能满足为全村老人提供服务的功能和设施。建设标准:房间 5 间以上,床位 6 张以上,可以为合居型居室,设有休息室、活动室、服务室和餐厅等,具备吃饭、休息、活动和取暖等基本生活条件。为农村幸福院落实 3～5 分菜地 《宝鸡市关于加强和规范农村幸福院建设的意见》(2014)

(来源:自绘)

表 2.6　建成实例走访 3:幸福院

福建省 X 村幸福院	
建筑情况	位于村口,与村委会共同设置,为两层外廊式带院建筑的一层
功能配置	棋牌室、阅览室、健身室、厨房、居住房间(3 床位)
无障碍设计	无扶手,无电梯,无无障碍厕所
使用现状	棋牌、居住功能有使用迹象,但因无人主负责管理卫生情况较差

(续表)

现场照片	 自左至右:棋牌室、活动室(功能不明)、一层外廊(尽端为厕所)
福建省 Y 村幸福院	
建筑情况	与该县廉政教育基地同设,位于一层
功能配置	阅览室、健身室、棋牌室、居住房间(双人间)
无障碍设计	无扶手,无电梯,无无障碍厕所
使用现状	房屋内装质量差,使用率较低,堆满杂物
现场照片	 自左至右:活动室、双人房、棋牌室

(来源:自绘;照片来源:自摄)

幸福院由政府出资建设、入住者分担公共水电和日常生活费用的做法对地方财政造成的压力较小,其低成本易实施的特点,实现了在经济条件较差村落中的广覆盖,是我国乡村养老社会化的一个有益尝试,也验证了互助养老在广大乡村地区确实具有生存土壤。此外,由于幸福院强调利用村内闲置设施布置,因此在一定程度上具有乡村公共功能复合的雏形,走访的福建省 M 县 X 村和 Y 村两处幸福院都与村内重要行政设施共设,虽然建筑质量一般,但避免了老年人在村庄空间上的边缘化。这一养老模式的问题在于,首先,必须认识到这是一种对老年的生活延续、照护、医疗责任完全负担于老年人自身的做法,是家庭和社会在养老职责上的同时缺位;而服务专业性不足使得幸福院内的老年人八成以上都患有各类疾病,一旦病情较为严重,依然必须回归家庭照料;另外,自主化运营造成管理、组织方面的专业性不足,院内的清洁卫生以及生活责任等日常运行,在脱离有章可循的制度后,会造成一定的管理和使用混乱。

2.4 乡村居家养老服务中心与日间照料中心

2008年，民政部全国老龄办发布的《关于全面推进居家养老服务工作的意见》中定义居家养老服务是指“政府和社会力量依托社区，为居家的老年人提供生活照料、家政服务、康复护理和精神慰藉等方面服务的一种服务形式。它是对传统家庭养老模式的补充与更新，是我国发展社区服务、建立养老服务体系的一项重要内容”，要求“十一五”期间乡村社区依托乡镇养老院、村级组织活动场所等现有设施资源，80%的乡镇拥有一处集院舍住养和社区照料、居家养老等多种服务功能于一体的综合性老年福利服务中心，并从政府投入、优惠政策、服务队伍建设、养老服务组织、管理体制几个方面提出了推进居家养老服务发展的具体要求，以公建民营、民办公助、政府补贴、政府购买等多种形式，以调动社会力量参与养老服务业发展。2013年国务院《关于加快发展养老服务业的若干意见》中提出应“依托行政村、较大自然村，充分利用农家大院等，建设日间照料中心、托老所、老年活动站等互助性养老服务设施”。同年的《中国老龄事业发展“十二五”规划》明确提出要建立以居家为基础、社区为依托、机构为支撑的养老服务体系，居家养老和社区养老服务网络基本健全，重点发展居家养老服务等要求。2014年《商务部关于推动养老服务产业发展的指导意见》中提出要在健全家政服务体系建设的基础上，加快推动居家养老、社区养老和集中养老的发展，探索以市场化方式发展养老服务产业的新途径、新模式，探索多元化发展的居家养老服务体系。2016年的《关于中央财政支持开展居家和社区养老服务改革试点工作的通知》和《老年社会工作服务指南》再一次强调了居家和社区养老服务的重要性和要求。

国家层面所出台的居家养老服务及服务中心建设要求基本以城镇作为标的，浙江省则较早地在乡村地区也开展了居家养老服务中心的建设。2011年浙江省民政厅发布《浙江省农村居家养老服务设施建设三年推进计划》规定“农村社区都要建立照料中心，村社区范围较大的可以有多个照料中心，暂不具备建照料中心的农村社区（行政村）都应建立居家养老服务站，开展居家养老服务和‘银龄互助’活动”。该计划还规定了农村居家养老中心应具备的功能和面积指标。

与居家养老服务站性质类似的还有老年照料中心以及日间照料中心等，在不同省份的乡村地区使用的说法不同，如2013年山西省民政厅、省发展改革委、省财政厅就联合下发了《关于做好全省农村老年人日间照料中心建设工作的通知》，其中明确规定农村老年人日间照料中心“以解决农村70岁以上空巢和高龄老人基本生活为目的，以满足老年人的吃饭、日间照料为基本要求”。国家层面也有住建部、发改委2010年颁布的《社区老年人日间照料中心建设标准》（建标143-2010），但一般的乡村社区规模都无法达到其中规定的最低社区人口规模。乡村居家养老服务及日间照料中心的特点、建设要求，以及建成实例现状调查基本情况如下（表2.7、表2.8）。

表 2.7 乡村居家养老服务及日间照料中心的特点与建设要求

发展趋势	启动—主力推进
模式基础	政府推进的社区、居家养老
针对对象	全体老人(身体条件允许)
服务范围	一村社区一处或多处(浙江)
建设要求（地区）	居家养老服务站建筑面积一般在 80 m² 以上，为农村居家老年人提供养老服务需求评估、生活照料、休闲娱乐、配餐就餐及其他无偿、低偿服务。老年人口较多的农村社区(行政村)应积极创造条件开办老年食堂，为居家老人提供配餐、就近用餐以及送餐服务。老年人口信息登记、养老服务需求评估、生活照料服务、配餐就餐服务、康复保健服务、文化体育服务及其他志愿服务。服务形式有上门服务、日托服务，有条件的地方也可开展全托服务。配置标准：日托功能，使用面积一般 300 m² 以上，有 2 名以上专(兼)职管理(服务)人员和专项运营保障经费；全托功能，使用面积一般 500 m² 以上，有 5 名以上专(兼)职管理(服务)人员和专项运营保障经费 《浙江省农村居家养老服务设施建设三年推进计划》(2011)
	设在建筑低层部分，有独立的出入口；相对独立，宜与农村卫生服务中心毗邻，实现资源和服务共享。老年人生活服务用房，包括休息室(20 人以上休息的躺椅或床位，使用面积≥50 m²)、沐浴间和餐厅(20 名以上老年人同时就餐，就餐面积≥30 m²)。老年人健康服务用房，包括医疗保健室、康复训练室和心理疏导室；应配备老年人安全使用的健身康复器械和设备，建立健全老年人健康档案资料，使用面积不少于 20 m²。老年人文体娱乐用房，包括阅览室(含书画室)、网络室和多功能活动室；阅览室应配有桌椅、书架和适合老年人阅读的图书、报纸、杂志，面积不少于 20 m²。老年人辅助用房，包括办公室、厨房、洗衣房、公共卫生间和其他用房(含库房等)。厨房应符合食品卫生防疫规定，并备有灭火器具。卫生间应方便轮椅出入，便池安装扶手 《浙江省农村社区居家养老服务照料中心规范化建设指导意见》(2013)
	* 因乡村规模一般不及《社区老年人日间照料中心建设标准》(2011)的最低社区人口规模标准，故在此不适用

(来源：自绘)

表 2.8 建成实例走访 4：居家养老服务中心

浙江省 B 村老年服务中心	
建筑情况	于 2016 年年中建成，与村委会邻设，位于一层
功能配置	交流室、棋牌室、阅览室、日间休息室、居住房间(3 人间)
无障碍设计	有无障碍厕所
使用现状	调查时无人使用

（续表）

<table>
<tr><td>现场照片</td><td>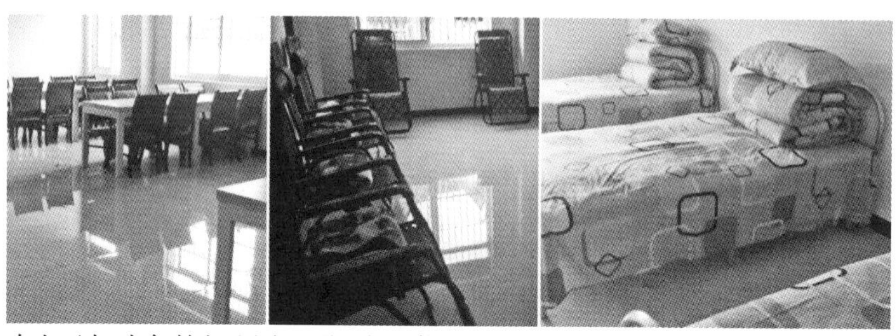
自左至右：老年教室（用途不明）、午间休息室、三人间</td></tr>
<tr><td colspan="2">浙江省 H 村居家养老服务中心</td></tr>
<tr><td>建筑情况</td><td>于 2016 年年中建成，为两层钢混建筑，位于行政村中心活动广场周边，邻接村幼儿园和综合服务楼</td></tr>
<tr><td>功能配置</td><td>阅览室、棋牌室、健身室、休憩室、厨房等</td></tr>
<tr><td>无障碍设计</td><td>无扶手，无电梯，无无障碍厕所</td></tr>
<tr><td>使用现状</td><td>调查时无人使用，村内老年人在隔壁小卖部里聚集打牌</td></tr>
<tr><td>现场照片</td><td>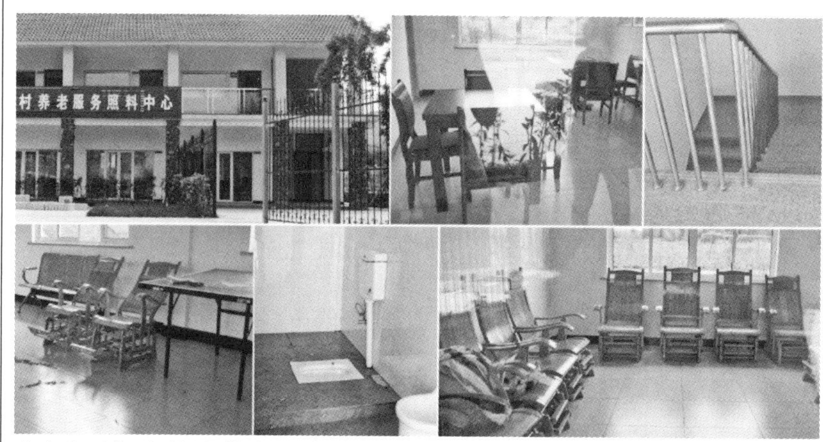

自左上至右下：外观、棋牌室、楼梯、娱乐室、卫生间、午休室</td></tr>
<tr><td colspan="2">浙江省 D 村居家养老服务站</td></tr>
<tr><td>建筑情况</td><td>于 2013 年左右建成，为一层多间带院独立建筑，位于行政村村中</td></tr>
<tr><td>功能配置</td><td>棋牌室、阅览室、健身室、厨房、休息室</td></tr>
<tr><td>无障碍设计</td><td>无无障碍厕所</td></tr>
<tr><td>使用现状</td><td>主要用于午饭和休息，配一名清洁人员，由于吃饭人少（中心村孤寡老人 2 人，其他自然村 2 人，1 人入养老院，1 人住太远），目前已停止使用</td></tr>
</table>

（续表）

现场照片	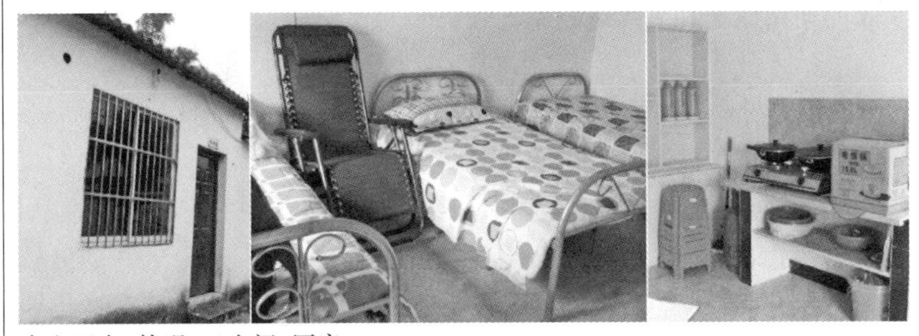 自左至右：外观、三人间、厨房
浙江省 W 村居家养老服务中心	
建筑情况	位于该村中心公共设施组团内一座二层外廊式建筑的第二层（一层为商店和小卖部），与市场、医院、活动广场等距离较近
功能配置	内设办公室、谈心室、乒乓球室、老年教室、午间休息室、棋牌室等，有多个功能设置在同一房间的现象
无障碍设计	无
使用现状	棋牌室与老年教室有使用痕迹，但在调查当日无人使用，一楼小卖部延伸的棋牌功能更具有人气
现场照片	 自左至右：入口楼梯、乒乓球室、老年教室、棋牌室、卫生间

（来源：自绘；照片来源：自摄）

乡村居家养老服务中心是基于乡村社区养老模式所建立和推广的，学者普遍认为社区养老模式在乡村地区推广具有优势，体现在：①乡村自然形成的社区化的生活方式使得社区养老具有更深厚的形式和观念土壤；②社区养老所需较低成本和更为灵活的操作符合乡村发展条件。虽然这两个论点都需要在深入理解社区养老内涵，以及所要求的配置条件等方面进一步地分析辨明，但是在家庭责任弱化的今天，以社区为依托的养老方式具有发展的必然性。

浙江在行政村级层面基本完成了居家养老服务中心的建设。由于整体经济发展水平以及各级地方政府对养老工作的重视，浙北乡村地区新建设的居家养老服务设施建设情况相对较好，内装、电器、家具等也较为齐全，然而使用率问题依然存在。H 村、W 村出现了老年人实际使用空间就近转移的现象，在设施内部空无一人的同时，周边的其他设施，如小卖部等，反而聚集了大量的老年人。而 D 村的居家养老服务站，比起日间活动，更像一个专门的短住设施，已经因使用率低下而关闭。由于像H村、B村这样建成时间不长的设施较为普遍，因此实际的使用状况和后续运营状况还需要进一步观察。

2.5 老年活动中心(室)

老年活动中心(室)是为老年人提供综合性文化娱乐活动的有一定规模的专门机构和场所。乡村老年活动室因使用人数、资金支持等原因规模较小，且由于其功能较为简单，因此一直没有具体规定。2016年浙江省民政厅联合浙江省住房与城乡建设厅出台了《老年活动中心建设标准》，适用于浙江省行政区域内的新建老年活动中心的建设。老年活动中心的规模、建筑指标、功能用房及相应的面积指标等，乡镇级别的老年活动中心作为第三类，服务半径宜控制在老年人步行一小时以内，社区(村级)老年活动中心(室)可结合综合性公共设施设置。乡村老年活动室的特点、建设要求，以及建成实例现状调查基本情况如下(表2.9、表2.10)。

表2.9 乡村老年活动室的特点与建设要求

发展趋势	一部分转型，存留的规范化
模式基础	乡村自主形成的互助式机构/社区养老
针对对象	全体老人(身体条件允许)
服务范围	一乡一中心(浙江规定)，一(行政)村一室(浙江现状)
建设要求	老年活动中心用地由建筑用地、室外活动场地和绿化用地等组成，建筑部分分为文体活动(康体健身室、乒乓球室、台球室、棋牌室、歌舞厅、多功能厅等)、教育培训(包括常规教室、阅览室、专用教室、排练厅等)、观演展示(观演厅、展览厅等)、公共交流空间、管理用房及辅助设施(包括医务室、行政办公用房、社工办公用房、老年社团办公用房、卫生间、开水房、储藏室、后勤设施设备用房等)五个部分；室外活动场地有不少于100 m² 的硬地活动广场及一块球类用地；绿地率不宜低于总用地面积的30% 《老年活动中心建设标准》(2016)

(来源：自绘)

表2.10 建成实例走访5：老年活动室

浙江省D村老年活动室	
建筑情况	原老年活动中心因幼儿园扩建而搬迁，只留一间阅读室，由老年协会保管钥匙，固定时间开放，现老年活动室为单间平房约60 m²，位于村口公共建筑组团内，混凝土地墙面，中心有柱，入口处有外廊
功能配置	内部家具为一个电视机、四张方桌、一个电视柜与二十余张椅子，此外配有立式空调、电扇、挂钟、饮水机、水槽，该处采访的多名老年人表示室内灯光较暗，空气流通性不佳
无障碍设计	无

（续表）

使用现状	D村下辖自然村的老人都聚集此处，午后使用率较高，下午用于棋牌，晚上用于文艺活动练习
现场照片	 自左至右：入口、打牌老人、室内陈设

（来源：自绘；照片来源：自摄）

在星光老年之家、幸福院、居家养老服务中心等名目多样的乡村老年设施出现之前，老年活动室一直是乡村地区为一般老人设置的主要公共活动场所。由于推行新类型的养老设施，一部分村落的老年活动室已经停用。浙北村落中依然可见仍在使用的老年活动室，部分地区也有与村党员之家、阅览室等合并设置的情况。老年活动室一般仅提供如棋牌、电视等娱乐活动功能，功能相对单一，因此在对空间的大小、专业性和内部设施的要求上也比较简单。较大的问题存在于空间物理环境上，由于老年活动室一般为平房，其面宽、开窗开门等建造形式通常也与一般乡村民房相似，因此当内部人员密集时，室内光线与空气质量都不尽如人意，有时还存在使用者吸烟、乱丢垃圾的行为，这些都是疾病的诱因。

2.6　村卫生室（社区卫生服务站）

村卫生室是村级单位的医疗机构，过去也称为村卫生所、村医疗点，新医改以后，国家将村级医疗机构统一称为村卫生室。1950年，第一次全国卫生工作会议提出在乡村要兴办集体所有制的联合诊所，同时在县设卫生院、区设卫生所、行政村设卫生委员，构成乡村医疗三级网。在农业合作化阶段，各地相继展开建设农民集资、集体所有的保健站，以及农业合作社兴办的保健站和医疗站。人民公社时期，机构和人力一同并入公社医疗体系，区卫生所和乡保健站或联合诊所合并为生产大队卫生所，并为了方便农民就医在生产队设有卫生室，后又经《农村人民公社工作条例修正案》《关于改进医院工作若干问题的意见草案》《关于调整农村基层卫生组织的意见草案》等文件确定，由公社卫生院医院、生产大队保健站、生产队保健室卫生室组成三级医疗组织机构，并提出分散、小型、多点的设置原则。2001年，村卫生室被明确赋予乡村卫生服务网络中的预防保健、常见伤病初级诊治等任务。在农村社区建设展开后，村卫生室大部分已经更名为村社区卫生服务站。村卫生室的特点、建设要求，以及建成实例现状调查基本情况如下（表2.11、表2.12）。调查中的村卫生服务设施基本符合建设规范中对规模和功能的要求。医疗作为养老内容中的重要一环，如何从选址、服务、功能、空间环境等方面衔接乡村养老系统是需要进一步讨论的问题。

表 2.11　村卫生室的特点与建设要求

村卫生室(社区卫生服务站)	
发展趋势	平稳发展
针对对象	全体村民
服务范围	一村一室
建设要求	国家采取多种形式支持村卫生室建设,原则上,每个行政村应有一所村卫生室。对村型较大,人口较多,自然村较为分散的行政村,可酌情增设村卫生室;对人口较少的行政村可合并设立村卫生室;乡镇卫生院所在地的行政村原则上可不再设立村卫生室 《卫生部办公厅关于推进乡村卫生服务一体化管理的意见》(2010)
	村卫生室提供的基本医疗服务主要包括:疾病的初步诊查和常见病、多发病的基本诊疗以及康复指导、护理服务;危急重症病人的初步现场急救和转诊服务;传染病和疑似传染病人的转诊;县级以上卫生计生行政部门规定的其他基本医疗服务。 村卫生室登记的诊疗科目为预防保健科、全科医疗科和中医科。 原则上一个行政村设置一所村卫生室,人口较多或者居住分散的行政村可酌情增设;人口较少或面积较小的行政村,可与相邻行政村联合设置村卫生室。乡镇卫生院所在地的行政村原则上可不设村卫生室。村卫生室房屋建设规模不低于 60 m^2,服务人口多的应当适当调增建筑面积。村卫生室至少设有诊室、治疗室、公共卫生室和药房。不得设置手术室、制剂室、产房和住院病床 《村卫生室管理办法(试行)》(2014)

(来源:自绘)

表 2.12　建成实例走访 6:村卫生室

浙江省 DZ 村社区卫生服务站	
建筑情况	位于村口公共设施组团中,为单层坡顶建筑,面积 203.7 m^2
功能配置	全科诊疗室、输液室、药房、健康信息管理、康复保健室、处理室等
无障碍设计	无
使用现状	使用频率较高,老年使用者与其他年龄层使用者表现出时间与行为的差异
现场照片	自左至右:入口、输液室、治疗室、卫生间
浙江省 H 村社区卫生服务站	
建筑情况	与村行政建筑同设,位于一楼,有独立入口
功能配置	并设的全科诊疗室、输液室、健康教育室、药房、信息资料室、注射室、检查室等
无障碍设计	入口有无障碍处理

(续表)

使用现状	使用率较低,但与空间设置无关。据访问得知该村医生医术水平不佳,村民一般前往临近村(W 村)的卫生站
现场照片	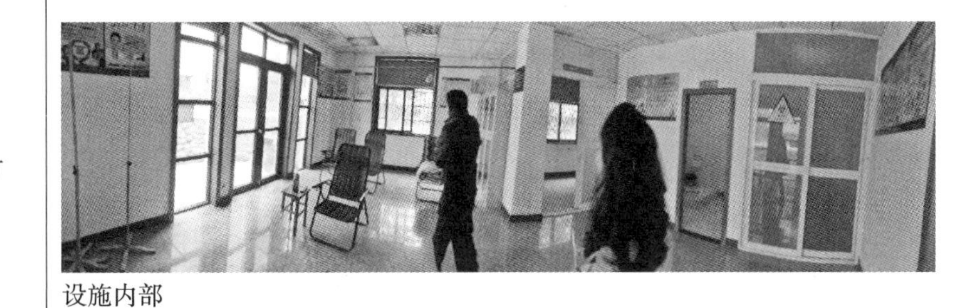 设施内部
浙江省 W 村卫生室	
建筑情况	位于村公共设施组团内,入口对面即为公交车站。为二层带院建筑
无障碍设计	无
使用现状	邻近村落的老人也会自行乘车前来看病
现场照片	 自左至右:设施入口、设施外貌

(来源:自绘;照片来源:自摄)

3　从现象到动力：乡村老年建设提升驱动力

3.1　建成环境中的问题归因

根据观察与分析，不同乡村老年设施中所表现出来的问题实际具有一定程度上的共性，同时也具有复杂性和综合性，本研究以建筑学科为主要视角，将现状问题归结到规划、设施、服务和运营四个方面(图 3.1)。

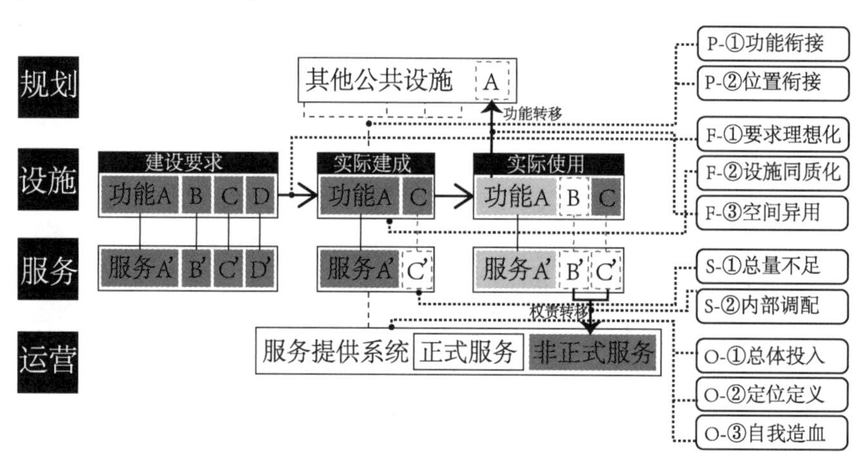

图 3.1　建成乡村老年设施的使用问题归因

(来源：自绘)

(1) 规划重叠与疏离的问题增生

在规划层面，其问题主要集中于乡村管理运行中的虚拟定位，以及在乡村实地环境中的选址定位，一是老年设施定位、应当分担的公共功能与其他公共设施在乡村公共空间系统中的关系并不明确，造成功能设置的重叠和缺漏。而明确位置的重要作用，就是将需要满足的客体需求对应可以获得的资源，分配到一个系统中的各个老年设施中，以免造成重复建设和后续运营的浪费。二是没有确定好老年设施在乡村规划中的选址位置和应当服务的范围，特别是在乡村养老建设起步较晚的情况下，养老建设尚未能全面纳入村庄总体规划，因而在设施选址上存在一定限制和片面性，造成使用者和设施的边缘化。如敬老院"一乡一院"的设置方式使得老人不得不离开一直生活的村庄环境，使得这些本身就是处于乡村社会边缘的人群与外部社会缺少互动，在集中供养后更与世隔绝，而远离老年人惯常活动地点的老年活动设施也将面临停止运营的结果。

(2) 功能闲置与缺失的矛盾并进

在设施层面，从要求到建成再到使用过程中的功能缩减，过全而笼统的建设规范，以及空间特性的把握偏差，造成使用空间转移和功能缺失，最终导致建设浪费和设施的同质化。将五类主要的乡村老年设施的建设规范要求，和实际调研中得到的功能配置以及使用情况进行罗列和对比(图3.2)，可以发现五种设施在功能定位以及相互之间的区分边界上比较模糊，都有功能设置偏全、建设要求过高的倾向。作为针对少数群体(五保老人)的敬老院在规范中的建设要求，甚至超越了一些城市养老院的实际建设结果，明显超前于乡村发展水平所决定的执行能力。建设、要求、愿景与实际环境背景脱节，因此实际建成的设施都主动或被动地在功能上“留轻去重”地进行了缩减，即保留对空间和服务要求低的功能，如娱乐、户外活动等，而去除了高要求难配置的功能，其中最明显的就是需要较大资金和人力投入的康复功能，这使得实际建成的看似多样的老年设施在本质上是同质的，并且最终养老需求也不能得到妥善满足。而从使用率的角度上看，这些建成的功能的使用情况有时也不尽如人意。同时目前提倡的用村内闲置建筑进行养老改造的途径，实际操作中往往是利用村内闲置的办公楼等建筑填入养老功能，无障碍的改造的经济成本甚至可能高于新建成本，建筑环境品质较差，设施简陋，且基本不具备无障碍设计，二层的使用率更为低下。空置与缺失，看似矛盾的现状实际反映出建设前期对乡村情况以及乡村老年人需求认知的缺失，造成供给与需求的错位，使得最终建成的老年服务设施同质化与功能缺失。

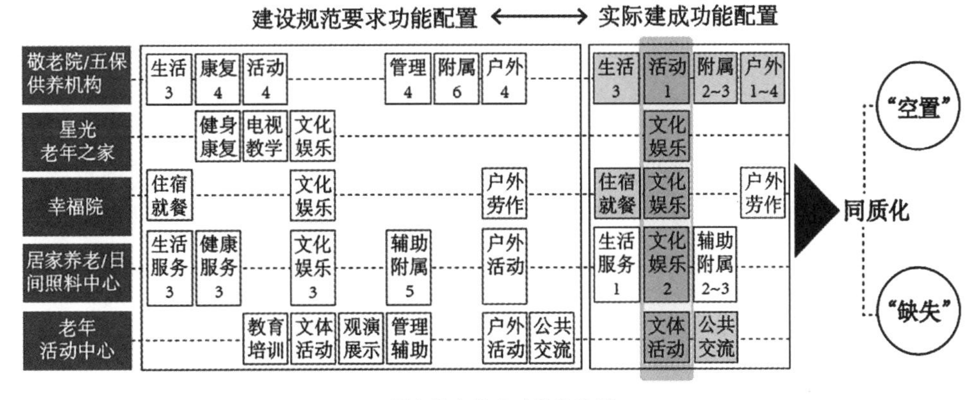

* 图中数字代表功能的数量

图3.2 乡村老年设施功能要求与实际建设的对比

(来源：自绘)

(3) 服务来源与责任的被动转移

在服务层面，老年设施中正式服务的普遍缺失，直接造成老年服务来源的被动转移，即通过非专业的、非正式的服务填补正式服务的空缺。养老院、星光老年之家、居家养老服务中心等规范中所承诺的正式养老服务在实际运行中严重缺位，而互助幸福院则从一开始就将绝大部分的养老责任转嫁回到老人自身，这些缺位最终只能通过“放逐式”的自助、互助进行填补。由于非正式养老服务缺乏专业性，实际上就将最需要养老帮助的、身体条件较差的老人排除在机构之外，从结果上而言有些本末倒置。另外，如何处理好服务系统，即正式支持与非正式支持的作用边界与相互补充机制，进行服务系统内部的协调也缺少充足的考虑。

(4) 运营支持与建设的恶性循环

老年设施运营的关键问题在于建成后的可持续性。因此在运营层面,首先必须认识到当前完全通过政府进行持续经济支持是不切实际的。曹锦溪等(2001)曾以陈家场村为例,说明存在“分家析户”后集体的经济力量普遍已经难以支撑公共设施的大额投入和持续运营的状况。即使在浙北这一乡村经济已经较为发达的地区,老年设施也要寻求一定自造血的功能。设施作为独立的个体凭自身难以获得造血功能,因而在激活自身运转能力时,首先面临的问题就是定位设施在行政管理、资源提供系统中的身份。机构性质模糊的后果是直接造成自身发展和资金进入的障碍。如《农村五保供养工作条例》中并未有对乡村敬老院性质和主管部门的明确规定,根据条例中的阐述,民政局与乡镇政府均对敬老院有管理责任。这种模糊的管理职能认定在客观上使政府和敬老院一体化,增加政府负担与责任的同时也使得敬老院自身缺乏活力,并不能作为独立接收机构接受社会捐助和财政补贴。同样地,星光老年之家的产权关系不明晰,以及互助“幸福院”身份模糊,都对其获取补助与持续正常运营形成阻碍。

3.2 问题发酵中的动力催生

在四个层面的共性问题之上所反映出来的本质,即现下对乡村老年建设问题的普遍态度和工作方法所呈现的偏差。首先是以先入为主地套用城市经验解决乡村问题;其次是老年设施建设体系中对各设施及其针对人群的界定与划分的模糊,以及最重要的对于使用对象实际需求的认识缺少科学性的测量结果;从更根本的方面而言,则依然是作为基底的乡村整体社会经济发展水平所决定的养老资源提供总量不足,以及包含宏观、中观、微观的乡村整体老年资源分配与流通系统的尚未完全建立。简而言之,乡村老年硬件支持体系所反映出来的问题本质可以归结为乡村情况忽视、定位细分模糊、需求认识偏差、提供总量不足和系统建立缺乏几个方面(表 3.1)。

表 3.1 从共性问题到本质

讨论层面	共性问题	本质
设施	F-①建设要求的制订理想化	乡村情况忽视
	F-②设施与服务对象同质化	定位细分模糊
	F-③使用空间转移与异用	需求认识偏差
规划	P-①老年设施与乡村空间环境的功能衔接(分配与潜力)	定位细分模糊 系统建立缺乏
	P-②老年设施与乡村空间环境的位置衔接(选址与规划)	需求认识偏差 系统建立缺乏
服务	S-①服务提供总量的不足	提供总量不足
	S-②服务系统内部的协调	定位细分模糊 系统建立缺乏

(续表)

讨论层面	共性问题	本质
运营	O-①经济基底与投入	提供总量不足
	O-②设施定位与定义	定位细分模糊
	O-③自造血功能薄弱	定位细分模糊 系统建立缺乏

(来源:自绘)

在此分析基础上,本书认为老年人问题的有无多寡是由两个方面因素及其衔接情况共同决定的,一是老年人区别于其他年龄群体的需求,二是可以对应这些需求的社会支持系统或者说资源是否充足全面。因此,为了从根本上解决当前存在的问题,根据对四个层面问题的梳理和本质解读,对问题本质进行一一对应,提出包含经济、建设、服务、精神在内的"资源"和包括功能需求与空间偏好的"要求"两方面的"提升动力"(图3.3)。

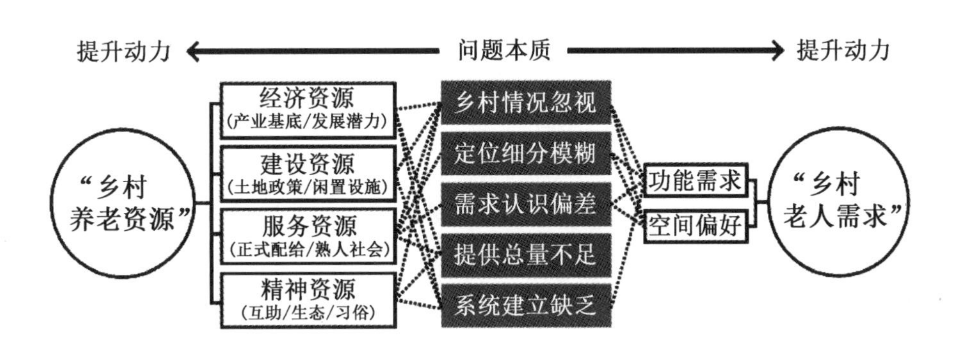

图3.3 乡村老年设施建设的内外驱动力

(来源:自绘)

3.3 外在驱动力——待利用的"乡村养老资源"

城市与乡村是互相定义的人类聚落的两种基本形式,两者在集聚规模、生产结构、组织形态、景观表现和精神观念等方面都表现出较大差异。在目前我国老年人口区域分布已经呈现城乡倒置的局面下,老年设施建设标准依旧习惯于以城市作为默认的语境,乡村作为城市的"附庸"似乎并不需要特别的建设要求,只要将城市版本进行"劣化"和"减法"就可以完成(表3.2)。对乡村人口老龄化对人口规模、交通、用地布局的影响缺乏全面认识,使得相关老年政策和为老服务设施的设置标准与实际层面脱节。因此,应当认识到乡村老年问题相对城市问题的特殊性,在乡村语境中探讨老龄化问题。

表 3.2　全国性的城乡老年建设相关规范

讨论主体	城市	共用	乡村
出台规范	《老年人建筑设计规范》(1999) 《城镇老年人设施规划规范》(2007) 《城市公共设施规划规范》(2008)	《老年人社会福利机构基本规范》(2001) 《老年人居住建筑设计标准》(2003) 《老年养护院建设标准》(2010) 《护理院基本标准》(2011) 《社区老年人日间照料中心建设标准》(2011) 《养老设施建筑设计规范》(2014) 《老年活动中心建设标准》(2016)	《农村敬老院建设标准》意见稿(2015)

(来源:根据资料自绘)

乡村老年服务体系营建的过程就是将乡村所具有的可以用于养老的资源进行认识、过滤、转化、搭建的过程。人在老化过程中对环境所能提供的经济、意识形态、服务与空间支持等都提出了最严苛的要求。因而应当以乡村发展水平的整体提升为根本目的,以软性与硬性老年支持的充实为直接目的,认识乡村自身资源与契机,充分利用这些资源解决乡村老龄化问题。

所谓"资源",泛指自然与人类社会中,具有一定量积累、可用以创造物质和精神财富的客观存在形态。"乡村资源"的一个相近概念是"乡村价值",朱启臻等(2014)指出乡村价值的五个方面:一是农业生产价值,村落是目前最适应农业生产的一种居住形势;二是生态价值,主要指山水、土地与人和谐相处的乡村生活;三是生活价值,村落是村民获取生活资料、进行娱乐活动的空间;四是载体价值,表现在村落所具有的信仰、保存的风俗及形成的品质与性格;五是教化价值,村落不仅协调着人与生态环境的关系,也制造了人与人的和谐。而"养老资源"的定义则暂无统一表述,雷洁琼与王思斌(1999)认为既包括资金、物品等实体,也包括服务、机会、关照、气氛等非实体。穆光宗(1999)提出有关养老"财富流"(或称为"代际资源流")说法,认为养老"财富"包括情感(关爱、话语、眼神、互动、尊重理解支持等)、经济(物质、金钱等)、时间(陪伴、帮助等)服务几类,并给出"代际交换财富=情感资源+经济资源+时间资源+服务资源"的公式。黄乾(2005)认为养老资源是指可以用来进行养老保障并能产生保障效果的事物。柴效武(2005)认为养老资源的概念应从"资金"扩充到"资源",即不仅是经济概念,更应包含一切能够对养老事业开展带来实际效用的资源。刘春梅(2013)综合前人研究成果,总结养老资源的几个特征:以养老对象的需求为前提,提供晚年保障并具有保障效果,包括现有和有待开发的资源,包含物质和精神两个方面,其中"对应需求、尚待利用"则是不容忽视的描述特征。

因此,"乡村养老资源"既可表达为乡村在养老方面能够提供的价值,正是由于乡村价值理论所阐释的乡村不同方面的价值,可以从中提炼出满足老年人需求的方面,为村落养老价值的研究提供了理论基础；也可以表达为乡村地区能够对应老年人养老需求的所有尚待利用的实体和非实体资源，包括经济、服务、精神和建设资源，尤其是未经纳入养老体系的相关政策、资金保障来源、社区公共服务、社区公共设施与村庄空间。将“乡村养老资源”根据来源性质分为乡村本身的未利用资源，主要包括有形的自然或人造空间和无形的文化精神，以及外界助力的未利用资源，主要包括政府政策、城市资本和人力流入等(表 3.3)。

表 3.3　乡村养老供给的资源类型和内容

<table>
<tr><td rowspan="2">养老供给的资源类型</td><td colspan="2">外界助力</td><td colspan="2">乡村自身</td></tr>
<tr><td>无形</td><td>有形</td><td>无形</td><td>有形</td></tr>
<tr><td>经济资源</td><td>基础保障政策
产业提升政策</td><td rowspan="4">资本流入
人力流入
市场拓展</td><td>产业基底
发展潜力
精神资源</td><td>建设资源</td></tr>
<tr><td>服务资源</td><td>正式服务配给政策</td><td>非正式服务网络</td><td>—</td></tr>
<tr><td>精神资源</td><td>—</td><td>互助精神
生态意识</td><td>自然环境</td></tr>
<tr><td>建设资源</td><td>土地政策
建设政策</td><td>—</td><td>闲置土地、
设施</td></tr>
</table>

(来源：自绘)

(1) 经济资源

首先应当充分发挥由国家、政府支持的基础保障型经济资源的作用。基础保障型的经济资源主要包括个人所拥有的资产土地等，以及由国家和政府提供的养老保障金，能够满足老人吃穿住行等最基本生存资料购买的需要，分别包括宅基地、农田、自留山等，以及农村社会养老保险、农村社会合作医疗、社会救助、最低生活保障、集体经济补助等。目前在我国乡村地区施行的新型农村养老保险，是在反思旧农村养老保险以自我储蓄为实质、缺乏保障成分这一根本性弊端上，使用以个人账户和统筹账户相结合的方式，以国家财政兜底，具有互助保障性质的一种普惠型养老经济支持。虽然其只是一种低层次的生存保障，但较好地适应了当前我国的国情与乡村的现状，各级政府在试点过程中结合实际情况拓展其内涵，以更好地发挥对乡村老人基本生活的支持作用；国家和地方也在不断加大对其的财政投入力度，尤其是对欠发达地区的资金倾斜。各地还相继出台了失地农民养老保险制度，一般按照参保年龄不同采取不同的缴费比例，按当地经济发展水平确定缴费数额，以保障该群体的权益。

乡村养老问题归根到底很大程度上是经济问题，应当通过建立健全长效的经济发展机制，以巩固和扩大乡村社会保障和基础设施建设成果。经济提升作用于乡村老年建设的途径可以分为间接式和直接式两种，目前国家为这两种途径都提供了相应的政策支持。①间接式是先通过各种途径整体提升村庄的经济水平，再通过支持财政投入养老建设，由乡村整体发展到老年建设提升。这种方式一方面依靠国家继续加大三农财政支持力度，完善农业基础设施，在种植和收购中进行农业补贴等；另一方面顺应号召，推行科技兴农，促进农业结构调整，鼓励农业的产业化、规模化和品牌化经营，提高农业生产效率与收入水平。而在农业方面优势不突出的地区，则应当充分挖掘业态和政策优势，发展新型产业。然后，在产业升级、经济发展的过程中,带动乡村老年保障和老年基础公共设施的完善,并在高效发展中切实维持老年支持的提供和运行。②直接式是利用城乡统筹发展契机,有条件的村庄向养老接受地转型,直接创造建设同时服务于当地老人和外来老人的老年设施的条件。以乡村作为目的地的旅居养老在国外已经发展得相当成熟,而我国政策上的鼓励、交通和互联网的发展、乡村建设用地的适当放开、城乡医保互通等都为乡村转变为养老目的地提供了契机。

(2) 服务资源

① 正式照护服务资源。正式照护通常指由公共、志愿和商业性组织提供的服务,内容上包括专业人员提供的日常生活协助、日常家务协助、医疗康复保健服务、心理疏导和针对老年认知症患者的专业治疗服务等。乡村在正式照护方面始终较为缺乏,除了一定的医疗服务,包括浙北一些地区已经开展的定期为老人测量血压等服务之外,实质性的老年正式照护内容几乎为零。当然这不仅是乡村地区的问题。我国将老龄工作提上日程已经超过三十年,但老年人的正式照护,尤其是对失能失智老年人的照料一直严重不足。对此,在正式照护方面,从政府部门协作与政策制定、社区在地照护服务管理运行体系、失能评判及相应的照护补贴保障几个层面都亟须合理化、规范化的资源整合、协调、利用的策略。

② 非正式照护服务资源。非正式照护指的是由家庭成员、亲属、朋友和邻居提供的照料。家庭养老是目前我国乡村地区最普遍的养老方式,家庭提供的经济保障和生活照顾依然是乡村老人生活的主要支持来源。另一个重要组成部分是邻里网络提供的互助老年照护支持,从最初的"义庄"到新中国成立初期的"互助组"合作社,互助在乡村发展历史中一直占据着重要位置,并且更为频繁和广泛,具有普遍性、关系性、交换性、即时性等特点。袁同成(2009)从社会资本的角度分析古代义庄的乡村家族邻里互助养老模式,认为它充分调动和培育了家族群体中的社会资本,激发社会网络资本,符合乡村社会实际。国家提出的各项政策也强调互助方式在乡村养老中的重要地位并进行了推动。

(3) 精神资源

① 非正式照护网络的精神支持。在乡村老人的养老支持特点中,老年人原生家庭"小家"以及乡村社区"大家"的存在十分重要。若说"小家"的存在是普遍的,那么"大家"的存在则是乡村社区的重要特征。我国传统乡村社会多是以血缘关系即聚族而居而形成,在村这个"大家"中的成员在或近或远的血缘关系中更倾向于互帮互助,而生活范围的相对稳定也使得同村中非同族成员在长期的共同生活过程中融入互帮互助的社会网络中,这样一种网络将为乡村社区养老奠定重要的基础。

② 老有所为的持续劳动观念。丹麦于 1979 年的审议会中首先提出老年人的三项原则:"尊重自主决定""善用自我资源""维持继续生活的能力",从与社会的联系、社会中的角色、自我认知三个层次强调要将老年人从被照护角色转变为生活的主体,尽可能长地维持老年人自我价值和尊严。我国提出的"积极养老""老有所为"等思路,也是鼓励老年人退出劳动岗位后,用积累的知识、技能和经验继续做贡献。与城市老年人在规定的退休年龄即刻失去社会联系与自我劳动价值不同,乡村老人具有相当高的持续劳动比例和活跃度。当然,目前很多乡村老人的持续劳动还是一种被动的"自助养老"的行为,而在未来保障更健全的情况下,应当使得老人对工作和对社会的持续参与更单纯地成为一种积极老龄化的方式。

③ 人地共生和自然融合的精神愉悦。乡村是得以串联人与自然的重要存在。在千百年的人类发展历史中，乡村自身形成一个完整的复合生态系统，贯彻“生态循环”“天人合一”等人与自然和谐相处的理念。这种人与自然的和谐相处是乡村环境所具备的得天独厚的精神资源。

(4) 建设资源

① 土地资源和闲置建筑用地资源。由于剩余劳动力转移、农民住房需求变化、基层乡村公共设施的历史性衰落、宅基地管理缺位等原因造成大量乡村土地与建筑闲置，按照目前我国乡村居民人均用地 153 m^2 计算，每年将均有 18.36 万 m^2 的乡村宅基地可能闲置。面对日益严峻的土地形势，相比城市越发紧张的土地供给状况，乡村大量闲置土地和建筑成为可以加以利用的建设资源，因此，对乡村闲置房屋和土地资源的依法有效处理与盘活，对于提升乡村土地的资源利用率，加快乡村建设都有重要意义。目前出台的多项养老建设政策也强调了对这些闲置资源的利用。

② 乡村建设用地的政策性放开。乡村建设用地是指乡（镇）村建设用地，即乡（镇）村集体经济组织和乡村个人投资或集资，进行各项非农业建设所使用的土地，主要包括乡（镇）村公益事业用地和公共设施用地，以及乡村居民住宅用地。2017 年国土资源部将统筹协调推进乡村土地征收、集体经营性建设用地入市、宅基地制度改革三项乡村土地制度改革试点，健全新增建设用地保障机制，加大力度盘活存量建设用地。此外，自《国务院加快发展养老服务业的若干意见》出台以来，国务院各部门及地方政府陆续出台多个充分释放土地红利、保障养老服务设施用地、强化土地养老功能、利好民间资本进入养老产业的各项政策。乡村大量养老建设资源得以支持养老功能的新建、植入和改造。总结起来，一是通过乡村建设用地适度放开等政策手段，鼓励在土地供应和前期规划中纳入养老功能；二是乡村闲置建筑与土地宅基地、集体设施等利用率较低的建筑，鼓励盘活其存量用地用于养老服务设施建设(表 3.4)。

表 3.4 我国有关乡村养老建设资源的相关政策

政策名称	相关内容
国务院办公厅《社会养老服务体系建设规划（2011—2015 年）》(国办发〔2011〕60 号)	● 各级政府应将社会养老服务设施建设纳入城乡建设规划和土地利用规划，合理安排，科学布局，保障土地供应。符合条件的，按照土地划拨目录依法划拨
民政部《关于鼓励和引导民间资本进入养老服务领域的实施意见》(民发〔2012〕129 号)	● 落实民间资本参与养老服务优惠政策。将民间资本举办养老机构或服务设施纳入经济社会发展规划、城乡建设规划、土地利用规划和年度土地利用计划，合理安排用地需求，符合条件的，按照土地划拨目录依法划拨 ● 鼓励民间资本对闲置的医院、企业厂房、商业设施、农村集体房屋及各类公办培训中心、活动中心、疗养院、旅馆、招待所等可利用的社会资源进行整合和改造，使之用于养老服务
《国务院关于加快发展养老服务业的若干意见》(国发〔2013〕35 号)	● 对营利性养老机构建设用地，按照国家对经营性用地依法办理有偿用地手续的规定，优先保障供应，并制定支持发展养老服务业的土地政策。严禁养老设施建设用地改变用途、容积率等土地使用条件搞房地产开发

（续表）

政策名称	相关内容
《国务院关于促进健康服务业发展的若干意见》（国发〔2013〕40号）	● 各级政府要在土地利用总体规划和城乡规划中统筹考虑健康服务业发展需要，扩大健康服务业用地供给，优先保障非营利性机构用地。新建居住区和社区要按相关规定在公共服务设施中保障医疗卫生、文化体育、社区服务等健康服务业相关设施的配套。支持利用以划拨方式取得的存量房产和原有土地兴办健康服务业，土地用途和使用权人可暂不变更
《关于引导农村土地经营权有序流转发展农业适度规模经营的意见》（2014）	● 要进一步深化农村土地制度改革，让农民成为土地流转和规模经营的积极参与者和真正受益者
住房城乡建设部等部门《关于加强养老服务设施规划建设工作的通知》（建标〔2014〕23号）	● 强化养老服务设施规划审查和建设监管。在城市总体规划、控制性详细规划编制和审查过程中，城乡规划编制单位和城乡规划主管部门应严格贯彻落实《国务院关于加快发展养老服务业的若干意见》所提出的人均用地不低于 0.1 m^2 的标准，依据规划要求，确定养老服务设施布局和建设标准，分区分级规划设置养老服务设施。对于单体建设的养老服务设施，应当将其所使用的土地单独划宗、单独办理供地手续并设置国有建设用地使用权 ● 建立养老服务设施规划建设工作协作机制。各地国土资源主管部门应将养老服务设施建设用地纳入土地利用总体规划和土地利用年度计划，按照住房开发与养老服务设施同步建设的要求，对养老服务设施建设用地依法及时办理供地和用地手续
《国土资源部办公厅关于印发〈养老服务设施用地指导意见〉的通知》（国土资厅发〔2014〕11号）	● 养老服务设施用地以出让方式供应的，建设用地使用权出让年限按最高不超过50年确定。以租赁方式供应的，租赁年限在合同中约定，最长租赁期限不得超过同类用途土地出让最高年期。对闲置土地依法处置后由政府收回的，规划用途符合要求的，可优先用于养老服务设施用地，一并纳入国有建设用地供应计划 ● 新建养老服务机构项目用地涉及新增建设用地，符合土地利用总体规划和城乡规划的，应当在土地利用年度计划指标中优先予以安排 ● 鼓励盘活存量用地用于养老服务设施建设。对营利性养老服务机构利用存量建设用地从事养老设施建设，涉及划拨建设用地使用权出让（租赁）或转让的，在原土地用途符合规划的前提下，可不改变土地用途，允许补缴土地出让金（租金），办理协议出让或租赁手续 ● 利用集体建设用地兴办养老服务设施。农村集体经济组织可依法使用本集体所有土地，为本集体经济组织内部成员兴办非营利性养老服务设施。民间资本举办的非营利性养老机构与政府举办的养老机构可以依法使用农民集体所有的土地
发展改革委、民政部等部门《关于加快推进健康与养老服务工程建设的通知》（2014）	● 强化养老服务设施规划审查和建设监管；加大政府投入和土地、金融等政策支持力度 ● 医疗、养老、体育健身设施用地纳入土地利用总体规划和年度用地计划。营利性项目按照相关政策优先安排供应。强化对医疗、养老、体育健身设施建设用地的监管，严禁改变用途

(续表)

政策名称	相关内容
国土部、住建部《关于优化 2015 年住房及用地供应结构促进房地产市场平稳健康发展的通知》(国土资发〔2015〕37 号)	● 房地产供应明显偏多或在建房地产用地规模过大的市、县,国土资源主管部门、住房城乡建设主管部门、城乡规划主管部门可以根据市场状况,研究制订未开发房地产用地的用途转换方案,通过调整土地用途、规划条件,引导未开发房地产用地转型利用,用于国家支持的新兴产业、养老产业、文化产业、体育产业等项目用途的开发建设,促进其他产业投资
国土资源部联合住房和城乡建设部、国家旅游局《关于支持旅游业发展用地政策的意见》(2015)	● 乡村旅游作为旅游业发展重点和乡村经济发展途径之一,用地规范措施如下:第一,发展乡村旅游可以使用集体建设用地,但应当在符合相关规划的前提下,采取农村集体经济组织自用及以入股、联营等合法方式;第二,在各省、自治区、直辖市管理办法下,城乡居民可以利用自有住宅或其他条件依法从事旅游经营;第三,农村集体经济组织以外的单位和个人,可使用农民集体所有的农用地、未利用地,从事与旅游相关的种植业、林业、畜牧业和渔业生产,但应依法通过承包经营流转的方式进行;第四,优化农村建设用地布局,通过开展城乡建设用地增减挂钩试点的方式,建设旅游设施
《中共中央国务院关于深入推进农业供给侧结构性改革加快培育农业农村发展新动能的若干意见》(2017 中央一号文件)	● 探索建立农业农村发展用地保障机制。优化城乡建设用地布局,合理安排农业农村各业用地。完善新增建设用地保障机制,将年度新增建设用地计划指标确定一定比例用于支持农村新产业新业态发展。加快编制村级土地利用规划。在控制农村建设用地总量、不占用永久基本农田前提下,加大盘活农村存量建设用地力度。允许通过村庄整治、宅基地整理等节约的建设用地采取入股、联营等方式,重点支持乡村休闲旅游养老等产业和农村三产融合发展,严禁违法违规开发房地产或建私人庄园会所

(来源:根据资料自绘)

通过资源认识的乡村特征,为乡村老年建设提供了有形和无形的推动和制约。为了了解资源具体如何关联与作用于乡村老年支持体系的形成,必须进一步认知政策环境、服务提供环境、物质环境与老年建设的系统机制。

3.4 内在驱动力——待满足的“乡村老人需求”

建成养老设施在设施层面的主要问题是设施与服务对象同质化、适用空间转移与异用的问题,其本质是对空间使用者的定位细分模糊,对需求认识偏差。因此将乡村老年人的特点、生活习惯与照护需求视作独立对象,将有助于乡村老年设施针对性建设与有效利用的升级。换言之即“环境(现状)—人(所形成的特征与需求)—环境反馈(建设策略)”的行动步骤。本书统一以“老年人的需求”指代老年人因个体衰落而产生的生理和心理上的需要,以及因社会身份转变和产生的为适应晚年生活而带来的各种需要,并将“乡村老人需求”的基本特征归纳为以下几点。

(1) 普遍性与特殊性

乡村老年人需求的普遍性指其具有老年人普遍的生理与心理特性。1982 年的《维也纳老龄问题国际行动计划》中提出对老年人问题的研究应根据老年人群区别于其他人群的需求进行,包括健康与营养、居住与环境、家庭、社会福利、收入保障和就业及教育方面。根据老年学、老年社会学及老年医学的相关研究结果,随着老年人的年龄增长,老年人会经历身体健康、感官能力、运动技能等一系列缺失的情况,并在生理与心理方面表现出一些共性的特征。在生理上,普遍表现为视听觉、活动能力等身体机能的全面下降(表 3.5)。

表 3.5　老年人生理变化特征及相应环境设计导向

生理特征	衰老变化现象	环境设计要求
视力	● 灯光强弱适应能力下降 ● 准确观察深度能力减退 ● 色彩感受力下降 ● 裸视视力下降	● 标识字体与色彩、照明、声音
听力	● 对高频率音调听力丧失 ● 语言整体理解度降低 ● 易受噪音影响	● 声音传递方式的改进
味觉嗅觉	● 退化	● 饮食控制与安全烹饪装置
呼吸	● 心脏负荷量减小,胸部有压迫感,呼吸有时急促困难	● 减少楼梯、电梯与门口距离,降低楼层高度,增加室内通风及休息座椅
平衡	● 易眩晕跌倒	● 辅助行走、扶手、支撑物、支撑用具 ● 动线规划,合理配置防滑措施和支撑物,避免突出物 ● 适当照明与地面指示 ● 地面材质
筋肉骨骼	● 身体关节活动伸展范围减少 ● 关节炎与腰痛	● 活动空间的尺度与配置
力量	● 腕力、握力、背筋力、脚力退化	● 可开启物的开关方式、门把形式和门扇重量等 ● 活动范围与距离
身体尺寸	● 身体尺寸缩小	● 家具家电等细部尺寸
排泄	● 起夜次数增多,量少频高	● 床及厕所设置方式
总体健康	● 慢性病患病率高 ● 身体机能状况不稳定	● 医养结合的设置 ● 无障碍空间的设计

(来源:根据资料整理)

同时,人在衰老过程中,不可避免地经历自身社会地位和周边人际关系的改变,如退休、患病、亲朋故去等,这都会造成老年人心理上的变化。张春兴(1981)总结了老年人心理问题的三个来源:失去经济收入造成对未来安全感的丧失;失去权利地位造成社会角色和自尊自信的丧失;人际关系的脆弱造成的孤独感。总体而言,在心理上,普遍表现为丧失感(焦虑、沮丧）、念熟感（念旧、孤僻、冷漠等）、自我诉求（唠叨、表现）以及客观造成的记忆衰退（表 3.6）。

表 3.6　老年人心理变化特征及相应环境设计导向

心理特征	衰老变化现象	环境设计导向
焦虑	● 安全感恐惧 ● 自我领域与自尊感恐惧	● 紧急呼叫、急救设施及无障碍环境 ● 注重个人隐私维护
沮丧	● 社会网络弱化的沮丧 ● 生命价值缺失的沮丧	● 提供精神寄托场所，如宗教设施等 ● 提供兴趣发掘及培养场所
记忆衰退	● 空间感与方向感丧失 ● 时间感丧失 ● 动作行进记忆丧失	● 以色彩或空间设计加强通道方向指示与楼层标识，减少交通系统复杂性
念旧	● 亲近熟悉事物，重视与过去的关联 ● 抗拒改变	● 在选址与建筑设计（材料与细部）上采用令人熟悉的、可唤起回忆的
孤僻	● 一方面希望独立自由，不受拘束 ● 一方面长久独处会造成不良心理影响	● 提供私密的个人活动空间与充足的交往机会
冷漠	● 兴趣面有可能变窄，只接受自己长期熟知的事物或人	● 增加自由地接触新事物的机会
唠叨	● 大量评论自己相关事物 ● 容易抱怨不便之处	● 通过兴趣活动分散注意力或通过活动及组织引导参与性
自我表现	● 喜欢展示过去成就 ● 倾向于强调自我正确性	● 提供展示空间及活动社团

（来源：根据资料整理）

乡村老年人需求的特殊性指城乡经济社会环境差异而导致的愿景差异。目前在心理学、社会学等学科，已经开始将乡村老年人作为一个独立的研究对象进行考察与量化评估，一些结论支持乡村老人与城市老人的生理与心理状态、个人期望与满意度等方面都具有差别。孟琛、项曼君（1996）对比了北京城乡老人总体生活满意度；陈彩霞（2003）比较了北京城乡老人五个方面的需求状况及生活满意度；邱莲（2003）对比了广东城乡老年人的心理状况；胡军生等（2006）对比了江西城乡老人的主观幸福感；李德明等（2007）对比了城乡高龄老人的心理状况等。此外，中国健康与养老追踪调查（China Health and Retirement Longitudinal Study, CHARLS）为城乡老年人的研究提供了一套广泛详细的数据资料，用于对比城乡老年人在生心理特征、社会参与、卫生健康、家庭照料情况等方面特征。如张恺悌等（2009）在 CHARLS2006 数据基础上，分别从经济活动与状况、卫生健康和医疗服务、家庭和照料情况、社会参与和心理状况、居住和生活环境五个方面总结了我国乡村老年人相对城市老人的突出特点：①经济活动上的高劳动参与率、高劳动时长与低劳动参与能力、低就业意愿；②总体自评健康状况较差，有较高的衰老感和抑郁倾向，就医的主要障碍为经济困难、交通不便、医疗资源差；③服务需求和可获得的服务之间仍存在很大差距，社区服务可及性差与利用率低的循环，亲朋数量较少但能提供支持的比例较高；④人际交往是由血缘和地缘组成的频繁、深层、主动的网络，幸福感与社会满意度较高，社会交往心理较低，精神状态和自我价值认可度较低；⑤以花费低、与文化程度无关、不需专门场地的娱乐活动项目为主，如广播、电视、散步。

本书对 CHARLS 2013 年数据进行了分析。首先通过户籍所在地区分城市与乡村老年人，其次通过对应的健康项目评价其自理、介助、介护等级，然后再考察对比其自评健康状况、居住状态、居住偏好、生活状态、保险情况、医疗习惯、工作状况等。根据结果，最大人群间差异出现在城市与乡村介护老人与子女同住比率、城乡老人在退休金及养老保险的获得比率、城乡老人的工作参与率、城乡老人的平均每人身体疼痛数量与其对策、城乡老人获得来自他人(包括近亲、远亲、雇佣、志愿者等)的照护量。综合数据分析结果，城乡老年人的差异点集中于日常生活内容(工作时长)、经济来源状况(工作、保险情况)、身体情况(视听力、疼痛、慢性病等)、医疗习惯以及照护获得情况等。

最后，根据对文献和现成数据的分析可以比较城乡老年人的相似与相异特征(表 3.7)。无论是通过文献考察、现成数据分析，还是对实际使用状况考察，都可以发现乡村老年人群体具有其自身的特殊性。同时，此部分作为前提研究，为本研究课题的成立和之后的调研问卷制作提供了有意义的参考。

表 3.7　根据文献及现成数据分析所得出的城乡老年人异同特征

		城乡老人相似情况	城乡老人相异情况
居住状况	现状	与配偶同住情况：随身体状况的恶化，伴侣离世情况增加，与配偶同住比例下降	与子女同住情况：与子女同住情况较大分歧出现在城市介护与乡村介护老人之间，乡村介护老人与子女同住比例过半
	意愿	与子女同住、养老院居住意愿随伴侣离开而增加	—
生活状态	睡眠	每日睡眠时长约 6 小时	—
	进食	每日进食次数约 3 次	—
	嗜好	吸烟、饮酒情况相似，总体乡村老人饮酒比例稍低	—
	娱乐	—	乡村老年人参与各项文化娱乐活动的比例较低，且在需要一定经济支持、文化程度和活动设施的项目上比例更低
保险情况	医保	医疗保险参保率非常相似	乡村老人医保选择较单一
	养老保险	—	乡村老人几乎没有退休金及养老保险
工作情况		—	乡村老人继续工作(农业及其他挣工资工作)比例和时长均大大高于城市老人
自评健康状况		自评身体状况几乎不随客观身体状况变化	乡村老年人总体自评健康状况较差

(续表)

		城乡老人相似情况	城乡老人相异情况
慢性病状况		肺部慢性病、心脏病、关节风湿的患病率普遍较高	城市老年人具有较高的血脂异常、失忆以及癌症患病率,而乡村老年人风湿、消化系统患病率高
医疗习惯	视力	—	乡村老人视力一般而不戴眼镜的比例较高
	听力	—	乡村老人听力一般而不戴助听器的比例较高
	身体疼痛	—	乡村老人平均每人身体疼痛个数较高,而运用各种方法减轻疼痛比例较低
	就医情况	—	乡村老人两年内体检比例稍低 乡村老人总体对医疗的需求度高,不就医原因中以认为不严重和没钱为主 乡镇卫生站和村私人诊所是乡村老人主要的医疗机构 乡村老人前往医疗机构以步行、公交、摩托车、电动车为主
照护情况		—	乡村老人获得来自他人(包括近亲、远亲、雇佣、志愿者等)的照护远远低于城市老人

(来源:根据资料自绘)

(2) 动态性与多样性

乡村老年人需求的动态性指老年建筑设计应当顺应老年人生理与心理需求变化,这已在各国老年建设实践中被广泛认同。首先是国际慈善组织"Help the Aged"(HtA)1986 年制订的老年居住建筑分类标准(表 3.8),将老年居住建筑分为 7 类,侧重于根据老化过程中各阶段所需服务支持程度和内容的不同进行划分以及设置建筑的各项功能(Robson 等,2005)。

表 3.8 "Help the Aged"老年居住建筑分类标准

设施类型	对象	功能侧重
A 类	自理健康老人及非老人	独立居住寓所
B 类	基本自理健康老人	提供少许监护和帮助的住宅
C 类	基本自理健康老人	提供全天监护与基本生活帮助,具有提供服务与支持的公共设施
D 类	体力衰弱而智力健全老人	提供全天监护,个人生活帮助与照料,膳食供应

（续表）

设施类型	对象	功能侧重
E类	体力尚健而智力衰退老人	提供监护和特殊帮助的住宅
F类	体力与智力均衰退的不能自理老人	提供全天监护，个人生活帮助与照料，膳食、清洁、日常活动协助的非独立住宅
G类	临时或永久的病人	由注册医护机构提供医疗护理的单床间住宅

（来源：根据资料自绘）

其次是日本老年人介护认定审查与老年设施分类。日本的老年设施与老年人介护认定审查精准匹配，针对从“自立”“要介护”到“要支援”等不同程度的老年人，在建筑设计上充分考虑此阶段老年人的生理特点和照护需求，定义了13种老年建筑的针对人群和功能配置要求，老年人身心状况所处的阶段直接对应其所应获得的服务与可以使用的设施类型（表3.9）。

表3.9 日本养老设施与使用对象的对应关系

设施类型		对象	空间配置	功能侧重
低费老人之家（福利性质）	养护老人之家	自立	居室（原则上是单人间，10.65 m^2 以上）、静养室（与医务室或职员室临近设置）、洗脸所、厕所、医务室、调理室、职员室	饮食管理、生活帮助
	低费用老人之家A/B型	一般要介护3以下	居室（21.6 m^2 以上，2人房间面积在31.9 m^2 以上，有厕浴厨）、食堂（A型）、公共起居室、普通浴室 照护服务需要自行从第三方机构获得	长期居住、饮食供应（A型）、生活帮助、紧急对应
	低费用老人之家C型——照护之家	要介护1以上	居室（单人21.6 m^2 以上，双人31.9 m^2 以上，有厕浴厨）、食堂（仅A型有）、公共起居室、通常浴室 a. 照护之家（自立型） b. 照护之家（介护型）	生活帮助（自立型）、身体康复、医疗处理（介护型）
介护保险设施	特别养护老人之家	要介护3以上	居室（10.65 m^2 以上，无厕浴厨，分多床室、传统单人房间、单元型单人房间）、食堂、公共起居室、浴室（含有机械浴室）、健康保健相关（机能训练室、健康管理室）、医疗相关（康复诊疗处置） 24小时介护，有限的医疗功能	长期居住、饮食管理、生活帮助、身体康复、紧急对应
	介护老人保健设施	要介护1以上	居室（8 m^2 以上，无厕浴厨，分多床室、传统单人房间、单元型单人房间）、食堂、公共起居室、健康保健相关（身体机能训练室） 充分的医疗功能与身体机能恢复功能	退院康复、短期居住、生活帮助、身体康复、医疗处置
	介护疗养型医疗设施（疗养病床）（过渡至2020年废止）	要介护1以上	居室（6.4 m^2 以上，分介护疗养病床与老年认知症疾患疗养病床，一般为4人间）、机械浴室、食堂、公共起居室、健康保健相关（机能训练室、健康管理室）、医疗相关（康复诊疗） 由医疗机构经营，充分的医疗功能	短期居住、身体康复、医疗处置

（续表）

设施类型		对象	空间配置	功能侧重
老年人住宅	含有服务的老年人住宅/租赁住宅	自立—（轻度介护）	居室［单间，18/25 m^2 以上，配厕（浴厨），无障碍设计］、食堂、公共起居室 照护服务需要自行从第三方机构获得 多与居家照护机构同设	长期居住、安全确认（、生活帮助、饮食管理、紧急对应）
	面向老人的商业公寓	自立—（轻度介护）	居室（配厕浴厨）、食堂、公共起居室、活动趣味相关（唱歌、园艺、工坊、麻将、图书等）、生活便利相关（美容室、商店等）、健康保健相关（机能训练室、健康管理、健身、泳池等） 照护服务需要自行从第三方机构获得 部分内设诊所、照护服务机构等	长期居住、安全确认、生活帮助、紧急对应（康复、医疗处置）
地域密着型设施	Group Home	要支援2以上	居室（7.43 m^2 以上，单元型单人房间）、食堂、公共起居室、健康保健相关（机能训练室、健康管理室）、通常浴室 认知症职员，无医疗功能，与附近医院联系，有访问诊疗	认知症活动引导、生活帮助、身体康复、紧急对应
	小规模多功能型居宅介护	所有类型	居室、共用浴室、食堂、健康保健相关（机能训练室） “看护小规模多功能型居宅介护”允许在家中获得看护医疗服务	短期居住、上门介护、机构介护
收费型老人之家	收费型健康老年人之家	自立—（轻度介护）	居室（13 m^2 以上，配厕浴厨）、机械浴室、食堂、公共起居室、活动趣味相关（唱歌、园艺、工坊、麻将、图书等）、生活便利相关（美容室、商店等） 照护服务需要自行从第三方机构获得	个人居住、饮食管理、交流活动、趣味生活
	住宅型老年人之家	所有类型	居室（配厕浴厨）、食堂、公共起居室、活动趣味相关（唱歌、园艺、工坊、麻将、图书等）、生活便利相关（美容室、商店等）、健康保健相关（机能训练室、健身、泳池等） 照护服务需要自行从第三方机构获得 即基本生活帮助和紧急对应由本设施职员负责，照护康复由外来照护人员负责，医疗服务是医疗看护师日间常驻、医生定期会诊、与周边医院关联	个人居住、饮食管理、生活帮助、紧急对应
	含有照护服务的收费型老年人之家	所有类型	居室（配厕厨）、食堂、浴室（包含机械浴室）、公共起居室、活动趣味相关（温泉、唱歌、园艺、工坊、麻将、图书等）、健康保健相关（机能训练室、健康管理室、临时介护室、谈话室、洗涤室、污物处理室）、医疗相关（康复、会诊、医疗处置）。以6～10人为一个生活单元，并以食堂等公共空间为中心环绕配置单人房间的“单元型单人房间”也不断增加 配置介护职员、看护职员、机能训练指导员、生活咨询员、照护经理等。介护保险法规定要介护者和职员的配比最低为3∶1，由于提供了充足的介护（如超出标准的职员数量或夜间看护员常驻等），费用相对较高 ① 外部服务利用型（自立）：使用外部照护服务 ② 混合型（自立—要介护）：自立与要介护者同住主要由设施内人员照护 ③ 人员对应介护专用型（要介护）：要介护者由设施内照护人员完全对应	个人居住、生活帮助、身体康复、医疗处置

（来源：根据资料自绘）

美国则于20世纪60年代末进入老年型社会后，出台了《美国老年法》，老年居住建筑和老年社区规划设计开始呈现多样化，结合能力评价工具提供了五类老年居住建筑。一是独立老年住宅（Independent Living），针对健康自理老人，不包括日常生活协助或医疗护理；二是协助老年住宅（Assisted Living），针对亚健康老人，一般有专门的服务人员提供生活照顾和管理等服务；三是老年之家（Senior Housing），针对失能老人配有相应看护设施服务；四是护理院（Nursing Home），提供比养老院更完善的医疗看护；五是老年持续照顾社区（Continuing Care Retirement Community，CCRC），是一种各类设施综合布局的老年社区。

总而言之，老年人需求的动态性表现在随着年龄与身体能力变化所造成对应需求上的变化，建立在老年人细分与服务与空间需求对应关系的假说上（表3.10），对乡村老年人群体根据能力等级进行分级讨论是提出乡村老年建设的重要途径。

表3.10 老年人所处阶段与其服务、空间需求变化的对应

	所处阶段		功能需求变化
↓	自理	自理的健康活跃老人	娱乐、交流
		基本自理老人	娱乐、交流
	半自理	半自理的体力衰弱而智力健全老人	娱乐、交流、日常帮助、医疗康复
		半自理的体力尚健而智力衰退老人	日常帮助、医疗康复
	不能自理	不能自理的体力与智力均衰退的老人	全面看护、医疗康复
		不能自理的临时或永久的病人	医疗康复

（来源：自绘）

在我国，2014发布的《养老设施建筑设计规范》中已经对老年人从自理能力上进行了分类，对应设置了老年养护院、养老院和老年日间照料中心三类养老设施，并进行了不同侧重点的功能配置（表3.11）。

表3.11 《养老设施建筑设计规范》中三类老年设施的功能配置

设施名称	对象	功能设置		特点
		应设	不设	
老年养护院 历史相关规范：《护理院基本标准》(2011) 《老年养护院建设标准》(2010)	介助、介护（半失能、失能）	生活：卧室、公用卫生间、公用淋浴间、公共餐厅、开水间、护理站、污物间、交往厅、理发室 医疗：医务室、药械室、处置室、保健室、康复室 公共活动：棋牌室 管理：总值班室、入住登记室、办公室、接待室、档案室、厨房、洗衣房、职工用房，备品库、设备用房	生活：起居室、休息室、共用厨房、老人浴室 活动：健身室	最完善的生活配套服务；最完善的医疗服务；较少的娱乐服务

（续表）

设施名称	对象	功能设置		特点
		应设	不设	
养老院	自理、介助、介护（全体）	生活：卧室、自用卫生间、公用卫生间、公共餐厅、开水间、护理站、污物间、交往厅、理发室 医疗：医务室、药械室、处置室 公共活动：棋牌室、健身室 管理：总值班室、入住登记室、办公室、接待室、档案室、厨房、洗衣房、职工用房、备品库、设备用房	生活：休息室、公用淋浴间	最完善的生活配套服务；一般的医疗服务；较多的娱乐服务
老年日间照料中心 历史相关规范：《社区老年人日间照料中心建设标准》(2011)	介助（半失能）	生活：休息室、公用卫生间、公用淋浴间、公共餐厅、开水间 公共活动：棋牌室 管理：办公室、厨房、职工用房、设备用房	生活：亲情居室、公用厨房、自助洗衣间、老人浴室、商店、银行、邮政、保险 医疗：观察室、治疗室、检验室、药械室、处置室、临终关怀室 活动：阳光厅 管理：总值班室、办公室	一般的生活配套服务；不强制要求医疗服务；较少的娱乐服务

（来源：根据规范自绘）

然而，目前我国对自理能力的评定没有统一规定，《养老设施建筑设计规范》基本沿用了2001年发布的《老年人福利机构基本规范》中自理老人、介助老人与介护老人的分类说法，但两部规范对三类老人的定义有些微差别，《老年人福利机构基本规范》中介护老人的定义为使用器械辅助行动的老人，介助老人定义为需要他人帮助的老人，其分水岭似乎在于“借物”还是“借人”；而《养老设施建筑设计规范》中的介护老人则包含了器械辅助和他人辅助，又将介助老人等同于半失能老人，介护老人等同于失智与失能老年人，而对于半失能与失能老人的判定尚无定论。除建筑类规范之外，从医疗卫生、护理服务出发的规范中也有类似分类，但这些规范之间相似名词的对应关系目前还不甚清晰(表3.12)。也就是说，我国对老年阶段的再划分存在模糊性，因而也就削弱了由对象到设施类型的科学对应关系。总之，尊重与遵循老年人需求的动态性特点，就是要首先认知使用者的特性与空间及服务供给对应的必要性，再通过一套合理的、综合性的、科学明确的评估工具对使用者进行分类，最后根据每一类人群的特点进行相应设施空间的设计与建造，“认知—评估—对应(—反馈)”的过程是十分必要的。

表 3.12 我国相关规范中对老年人再划分的内容比较

规定与规范名称	对老年人分类与定义
《老年人福利机构基本规范》(2001)	● 自理老人(一般照顾护理):日常生活行为完全自理,不依赖他人护理的老年人 ● 介助老人(半照顾护理):日常生活行为依赖扶手、拐杖、轮椅和升降等设施帮助的老年人 ● 介护老人(全照顾护理):日常生活行为依赖他人护理的老年人
《养老设施建筑设计规范》(2014)	● 自理老人:生活行为基本可以独立进行,自己可以照料自己的老年人 ● 介助老人:生活行为需依赖他人和扶助设施帮助的老年人,主要指半失能老年人 ● 介护老人:生活行为需依赖他人护理的老年人,主要指失智和失能老年人
《国家基本公共卫生服务规范(2011 年版)》	● 自理 ● 轻度/中度依赖 ● 不能自理
浙江省养老机构内养老护理分级习惯	● 三级护理:无慢性病、巴氏评分 100、MMSE(简易智力状态检查量表)评分正常、能参加力所能及的工作和劳动、经济上自理 ● 二级护理:无慢性病、巴氏评分 80～100、MMSE 评分正常、能参加园区内兴趣活动和体育健身、能自我管理财务 ● 一级护理:无明显的器官功能障碍、巴氏评分 60～80、MMSE 评分正常、需督促指导服药、能自我管理财务 ● 特一:慢性病、器具助行、巴氏评分 40～60、MMSE 评分 13～23 分、需要协助如厕沐浴、需要管理药物 ● 特二:慢性病后期、不能自行活动、巴氏评分 20～40、MMSE 评分 5～12 分、能控制大小便 ● 特三:长期卧床、不能自行翻身、巴氏评分低于 20、大小便失禁、MMSE 评分低于 5 分、无精神症状、有特殊医疗护理问题

(来源:根据资料自绘)

乡村老年人需求的多样性体现在不同发展阶段的乡村的老年人的需求也有所不同。乡村发展水平是导致老年问题分化的重要因素,间接或直接影响在乡村老化的人群的健康状况、生活习惯和思想观念等,同时还决定了其所能够提供的养老资源的多寡与障碍。在乡村环境通过影响使用主体和影响资源供给两方面共同作用下,应当呈现出不同乡村环境下的老人在经济支持、医护服务、空间设施上的不同需求和实现途径。

(3) 当下性与未来性

老年建设是在现实环境变化中不断发展的课题,尤其是在快速的社会转型中,乡村老年问题不断面临着新环境与新问题,一方面表现在随着社会环境的发展,环境能为老年人提供的资源也产生变化;另一方面是“老年人”所囊括的群体也随着人群年龄增长和亡故而不断更替,因此老年人需求也处于不断变化之中。因此必须认识到老年建设问题的持续与变化,任何认知和策略都不是一成不变、一蹴而就的。

4 系统耦合:乡村老年服务体系机制解读

在政治经济学的空间认识论中,作为上层建筑象征物的建筑可以被看作一定社会经济、政治基础的反映,并受制、服务于这一基础。列菲伏尔(H. Lefebvre)在《空间的生产》(*The Production of Space*)中论述了空间是一种社会关系的产物,也是人类历史生产的产物,因此对于空间的研究必须通过历史、社会等诸方面的考察来进行。而建筑空间的产生逻辑可以被分为自然和人为,其中前者指地域和自然环境的影响,后者包含行为关系、文化历史、知识科技、政治经济、想象创造(刘辉等,2012)。只有人们了解了这些空间本身产生的原因和逻辑,才能掌控、利用,以及创作空间。因此,乡村老年建设也应当是乡村这一包含特定社会经济与政治基础的环境的反映。由于老年问题本身融合了社会经济、政策保障、运营管理、意识理念等广泛学科的复杂问题,从而更应当将设施与空间看作是整个运行机制的最终表现产物,并从地域、历史、政治、经济等环境中分析、理解其产生逻辑。

费孝通先生的“乡土中国”精辟地概括出了前现代化时代中国乡村社会的基本特征,村落既是中国乡土社会的存在形式,又是乡村社会关系和制度的基础。而在现代化、城市化和全球化的浪潮冲击下,乡土性特征演化为乡土结构经由现代化渗透的后乡土性特征,主要表现在人的现代化、社会结构的高流动与不确定化、熟人社会的扩大化上,同时还表现在城乡二元化和乡村体制内外的二元化格局上,这使得乡村社会与现代城市有着鲜明差别(陆益龙,2010)。这种特殊的社会结构和环境使得处于其中的问题受到这种特殊性质的制约,思想、传统、体制的残留使得乡村老年建设必须植根于这种特殊经济、政治土壤,并且历程中理解乡村养老环境的特征和系统运行机制。而目前许多涉足乡村老年的建筑学方面研究缺少对于乡村政经环境的叙述,针对这种状况,本节将把乡村政治经济特征视作乡村的资源,以这些资源在乡村老年建设系统中的流动方式为线索,从与社会经济环境直接关联的养老模式、养老模式的具体化服务体系,以及最终形成的设施三个层面,解读与阐释乡村老年设施产生的逻辑。

4.1 我国乡村老年政策与养老模式变迁

在“养老模式”一词在媒体和生活中被广泛运用的现在,意义似乎偏向于“养老的方式或形式”。我国是一个有数千年历史的农业大国,长期以来与之适应并延续的养老方式就是与小农生产相适应的家庭式供养,敬老、爱老、养老的伦理观念在历朝历代的反复提倡中得到巩固,逐渐在社会观念上、道德上、规制上将家庭作为最主流的养老方式。在土地革命和抗战时期,苏区政府持续对无人供养的孤寡老人、生病无钱买药的工人等进行救助抚养成为社会救济工作中的重要内容。其中 1939 年陕甘宁边区政府颁布《抗战时期施政纲领》,明确规定抚恤老弱孤寡政策,1941 年中共中央政治局批准的纲领再次重申了此政策。此时,养老依然是作为一种针对小部分群体的救济政策。新中国成立后，社会、政治、经济环境的动荡和变革使得养老方式发生了相应的变化。

(1) 集体化前的自发组织期(1949—1953年)

1950年中共中央颁布的《中华人民共和国土地改革法》认定土地归农民所有，此时新生的各级人民政权、乡村基层组织和自愿组织起来的农民开始在乡村提供一些基本、零散的公共服务。1953年，《关于发展农业合作社的决议》开始推行农业合作化的土地制度，形成以个体经济为基础，农民按照自愿互利原则形成的集体劳动组织"互助组"，生产工具和土地归农民个人所有，以换工形式联合农民生产活动。此时国家与集体力量较为薄弱，养老的绝大部分责任落在个人与家庭这一基本生活、生产单位上，此外农民群众在政府提倡、集体支持下通过自愿集资、互助共济的方式缓解养老、医疗问题，是一种自我、家庭养老＋社区自发互助的养老模式。

(2) 集体化进程中的集体福利事业增长与衰退期(1954—1977年)

1954年，互助组发展成"初级社"，个体经济开始向社会主义集体经济过渡，社员的土地和耕畜、大型农具等主要财产由社里统一支配，每年通过土地入股及按劳分配形式获得经济收入。同年制定的《中华人民共和国宪法》中明确了我国老年人福利事业的指导思想和发展方向："中华人民共和国劳动者在年老、疾病或者丧失劳动能力的时候，有获得物质帮助的权利。国家举办社会保险、社会救济和群众卫生事业，并且逐步扩大这些设施，以保证劳动者享受这种权利。"尽管这时的乡村社会保障仍然属于家庭自我保障，但已经开始加入集体保障的特征。1956年，初级社进一步发展为"高级社"，土地、耕畜、大型农具折价归集体所有，以合作社作为劳动的基本组织单位进行计划生产。《高级农业生产合作社示范章程》对包括独立生活能力低下的老人在内的乡村"五保"供养对象进行了定义，随后《1956—1967全国农业发展纲要》进一步细化了相关内容，"五保户"供养开始制度化施行。"五保户"供养的基本单位是生产大队和生产队，而"三级所有，队为基础"的管理体制则为这种供养提供了一个长期的平台和物质基础，同时，以集体经济为依托，以"五保"对象为主体的乡镇敬老院开始出现并在全国范围内大量建设。此时的五保户的供养方式还有具体的两种形式——分散供养与集中供养，前者为居家五保户提供输入式服务，类似于今天的居家养老，后者是在敬老院进行机构养老。1958年《关于把小型的农业社适当地合并为大社的意见》中提出要逐步将工农商学兵组成一个大公社并构成我国社会的基层单位，随着全国第一个人民公社嵖岈山卫星人民公社在河南诞生，"人民公社化"运动开始，生产队成为集体经济的基本核算单位。乡村基本公共服务所需要的政治条件、资金来源和社会基础都已经具备。在《关于人民公社若干问题的决议》的推动下全国敬老院空前发展，当年年底统计全国兴办了敬老院15万所，收养了300余万鳏寡孤独老人。从初级社到人民公社，随着国家和集体对于农民土地资料的集权，零散的自发互助救济在集体力量增强中，稳步发展为制度化的乡村五保供养事业，普通农民的养老责任也在这种经济组织架构变动中发生一定程度的转移，尤其是以集体经济为基础的一种再分配形式的福利保障力量的增强。但是，集体保障依然是主要作用于小部分群体(五保户)的一种保障，依然未改变个人与家庭责任在养老事业中的决定性地位，是一种集体再分配下的个人/家庭养老＋救济式局部社会养老模式。

然而，随之而来的“三年困难时期”导致全国敬老院迅速减至3万所。为顺利渡过难关，国家出台《农村人民公社工作条例（修正草案）》，其中明确规定敬老院等五保供养福利单位可从生产大队公益金获得经济支持，随后又出台了乡村敬老院的整顿意见。然而在经历“文化大革命”后国家权力和管理机制的混乱依然持续造成全国敬老院大量减少。与此同时由赤脚医生领头的乡村合作医疗则空前发展，这种特殊时期的合作医疗制度以队、寨为单位，具有自种、自采、自制、自用的“四自”特点和社区互助共济的特征。虽然制度框架未变，但由于制度力量的削弱，其保障责任再次转移到个人与家庭层面以及社区的自发互助中。可以发现，养老模式很大程度上取决于养老资源提供者的主动或被动提供情况，当国家和集体的力量不足以支撑社会养老时，个人、互助养老的模式会应运而生，自发填补老年供养的不足。

在“文化大革命”结束后，《中共中央关于加快农业发展若干问题的决定》重新提出要重视乡村集体福利事业，并通过《农村人民公社工作条例试行草案》进行制度化，同时还鼓励有条件的基本核算单位实行养老金制度，迈出了对五保户以外的广覆盖养老保障的第一步。据统计，到人民公社制度完全解体的1984年时，全国已有23个省（自治区、直辖市）的1 330个乡、9 460个村实行了退休金养老制度。1984年后随着人民公社解体，此制度并未全面展开。

(3) 家庭联产承包责任制改革后的重生发展期(1978—2008年)

1978年推行的“家庭联产承包责任制改革”将土地产权分为所有权和经营权，分属集体与农户所有，从而形成了一套有统有分、统分结合的双层经营体制，此时敬老院进入村提留乡统筹供养时期。“七五”后，民政部开始探索乡村社会养老保险制度，全国农村基层社会保障工作座谈会决定开展农村社会保障工作。1992年的《县级农村社会养老保险基本方案（试行）》制定了以县为单位开展社会养老保险的原则，逐步开展名为农村社会养老保险、实为个人储蓄的工作。1998年国务院机构改革，成立劳动与社会保障部，下设农村社会保险司。2002年《关于整顿规范农村养老保险进展的报告》提出农村社会养老保险要坚持在有条件的地区逐步实施。2003年各地方开始以《县级农村社会养老保险基本方案（试行）》为基础，因地制宜进行调整试点。2006年《农村五保供养工作条例》将农村五保供养资金纳入地方人民政府财政和部分中央财政预算，增强了五保制度的国家资金保障。2007年的中共十七大报告明确强调，必须注重实现基本公共服务均等化以缩小区域发展差距，使全体人民学有所教、劳有所得、病有所医、老有所养、住有所居，推动建设和谐社会。随后，劳动与社会保障部与人力资源部合并为人力资源和社会保障部，在全国所有涉农县（市、区）全部建立了农村低保制度，成功实现了由制度到人群全覆盖的历史性跨越。在这一段重大历史转折期，沿人民公社的残存和衰退，以及家庭联产承包责任制改革的发展两条政治形态变化线索，展开以农村社会养老保险的试点与制度探索为主的农村养老事业的恢复。虽然还存在诸多问题，但国家开始参与到五保老人之外的农村老年人的经济保障中，养老模式也转变为国家保障（老农保）＋个人/家庭养老＋救济式局部社会养老模式。

(4) 构建社会主义和谐社会倡导下的多元探索期(2009年至今)

2009年，由政府买单的基础养老金和具有商业养老保险性质的个人储蓄型账户养老金组成的农村养老保险（新农保）开始在全国10％的地区试行。2010年《农村五保供养服务机构管理办法》明确了乡镇办敬老院拥有独立法人资格，为敬老院的自身良性发展提供了法律保障。2013年《关于加快发展养老服务业的若干意见》提出要完善农村养老服务托底的措施，健全农村五保供养机构功能，拓宽资金渠道。同时，还不断推进农村养老用地的供给和保障，城市资金、资产和资源投向农村养老服务，各级政府养老服务资金重点向农村倾斜等工作。随着我国社会经济的不断发展，通过不断强化国家和政府在农村养老事业中的职责，引导针对农村的资源倾斜和城乡公共服务均等化，拓展农村养老设施的资金与建设供给途径等，为农村老年建设创造制度、经济、建设等多方支持环境，养老模式呈现国家兜底保障(新农保)＋个人/家庭养老＋救济式局部社会养老＋普适性多元社会养老探索的多元化发展形式。

4.2 我国乡村老年公共服务供给方式变迁

4.2.1 乡村公共服务整体发展脉络

公共服务的供给需要依靠政府行政力量的支持，因而按照基层管理制度及其造成的城乡结构关系影响分类，将我国乡村公共服务发展分为四个时期。

(1) 集体化前的自发组织期(1949—1953年)

新中国成立初期，村乡体制建立在土地归农民个体所有的基础上，村和乡具有政府组织的行政化特点，村基层的管理力量较为薄弱，在政府引导下，农民自愿组织开展互助性质的服务。

(2) “社”制度下的二元结构形成期(1954—1977年)

在农业合作化和集体化的不断发展中，集体劳动组织“社”代替村成为农村最基层的经济和行政事务管理单位，新中国的农村公共服务由此开始萌芽和孕育。在“社”完全取代原有基层制度的人民公社化时期，生产队成为集体经济的基本核算单位，同时形成了公社、生产大队、生产队三级组织架构，即“三级所有、队为基础”。由于人民公社具有生产生活高度集体化、“党、政、经”权力高度集中化的特征，为农村基本公共服务提供了政治条件、资金来源和社会基础，为以五保供养为主的农村社会保障发展，以及农村合作医疗制度萌芽起了推动作用。然而，由于人民公社是在城乡分离的一系列如户籍、就业、福利保障、医疗卫生的二元化制度背景下建立的计划经济体制产物，在其二十余年的存续期内，城乡之间形成了一条不可逾越的鸿沟，并形成我国独有的二元经济社会结构。

(3) “村委会”制度下的二元结构加剧期(1978—2001年)

农村基层经济社会组织随着1978年的家庭联产承包责任制改革发生了根本性变革，农民重新获得的部分生产资料权利动摇了人民公社的经济基础，并由此迅速削弱了它的管理功能。在农业生产力被激活、农村经济走上快速发展的道路的同时，分散组织结构下农村公共产品的缺位成为这一阶段的重大问题，而政府对这一问题的长期忽视，造成了农村基本公共服务在制度和实践两方面基础薄弱的状况。1982年第五届全国人大第五次会议通过的《中华人民共和国宪法》规定通过城市和农村设立居民委员会和村民委员会，废除了人民公社并重建乡村基层治理体系。1985年，全国共建立逾82万个村民委员会，大多数省区的农村基层形成了"区—乡镇—村委会"三级基层建制。然而，"城乡分离""村社一体"的特性使得乡村依然存在强烈的自我封闭性和管理混同性，阻碍了乡村公共服务提供和流通体系的发展。

(4)"村社区"制度下的二元结构破除期(2002年至今)

城乡二元结构固化使得"三农"问题的解决迫在眉睫，为此2002年中国共产党第十六次全国代表大会首次提出"统筹城乡经济社会发展"，城乡二元体制的破除由此展开。二元结构形成的根本原因是长期以来以村委会为形式的农村基层建制与城市的社区化管理体制的分轨，因此2006年中共十六届六中全会通过的《中共中央关于构建社会主义和谐社会若干重大问题的决定》，第一次提出了积极推进、健全"农村社区建设"和管理的要求。2007年民政部划定首批农村社区建设试验区，大力推进农村社区试点工作，并于2009年开展"农村社区建设实验全覆盖"活动。归纳起来，农村社区建设是在相应范围内，联合各级政府统一领导、村党组织直接组织、居民民主参与，构建新型农村基层管理体制，用于推动基础设施与环境建设、社会保障和公共产品体系建设，提高成员物质文化生活水平，实现城乡社会的有机融合(胡宗山，2008；李增元，2009)。

在这个阶段，农村公共服务在农村社区化的变革中，沿两条相互关联的线索逐步恢复和发展。一方面是城乡公共服务均等化的发展过程。城乡公共服务均等化概念的提出早于农村社区，十六届六中全会就强调优化公共资源配置向农村基层地区倾斜，以实现基本公共服务均等化。十七大进一步提出要统筹城乡发展，将人人享有基本公共服务作为促进社会公平正义、让人们共同分享发展成果的重要内容和基本途径。十八大提出加快完善城乡发展一体化机制，着力在城乡规划、基础设施、公共服务等方面推进一体化，促进城乡要素平等交换和公共资源均衡配置，形成以工促农、以城带乡、工农互惠、城乡一体的新型城乡与工农关系。另一方面是农村公共服务社区化的发展过程。服务的社区化是指与村庄管理的社区化趋势相对应的服务体系形式，以社区为核心和基础的管理和服务体系整合，意味着基础设施、医疗社会保障和社区公共服务等公共资源将归于政府统一协调供应，因此公共服务的社区化是实现城乡公共服务均等化的一条重要路径。在社会转型过程中，社区化作为公共服务提供形式的优势在于可以克服政府和市场失灵带来的供给困境，集中优化资源配置。农村公共服务社区化能够推进需求表达机制的构建，是解决农村公共服务供给不足与效率低下的必然选择。

4.2.2 乡村社会养老服务发展脉络

(1) 以窄范围集体供养为主的社会养老服务(1949—1977年)

新中国成立后的很长一段时间，受制于当时的农村社会发展水平，由不断壮大的集体力量支持的我国农村社会养老服务是仅针对五保老人的供养，而广大的非五保老人群体几乎无法获得尤其是照护和生活支持上的社会养老服务。虽然当时提出对五保老人进行的集中供养和分散供养已经类似今天的机构养老和居家养老，但从当时的经济发展水平和作用对象上看依然是一种低水平、窄覆盖的养老服务。

(2) 以机构附带服务为主的社会养老服务(1978—2007 年)

这一时期,乡村地区在政治体制和组织形式上进入了新的历史发展阶段,开始推行从五保老人到全体老年人的社会养老服务,除了在经济上试行了乡村养老保障制度,也开始着手老年社会福利院、星光老年之家、老年活动中心等多种养老设施的建设。这一阶段乡村养老服务的发展主要体现在覆盖人群扩展、养老机构多样化和机构附带的包括生活照料、医疗保健、文化教育、体育健身、休闲娱乐等社会养老服务内容的充实。

(3) 强化服务内容和质量的社会养老服务(2008 年至今)

相关部门开始意识到养老设施"重建轻管、服务滞后"问题,同时也开始重新审视家庭与社区环境对老年人生活的重要性,老年建设态度和方向的转变,使得社会养老服务的形式由一种前往式的机构养老服务,转变为推进尤其是服务输入式的居家养老。2008 年出台的《关于全面推进居家养老服务工作的意见》从政府投入、优惠政策、服务队伍建设、养老服务组织、管理体制等八个方面提出了推进居家养老服务发展的具体要求,乡村社会养老服务开始转向充分利用家庭、社区福利服务网络和养老福利机构等载体,因地制宜开展集中、分散、上门包户等多种形式的福利服务,为老年人提供囊括供养照护、社会参与等更为全面的服务,并形成配套的服务标准、运行机制和监管制度。

4.2.3 乡村医疗卫生服务发展脉络

老年人患病率高、患病种类多、患病时间长、并发症多、治疗难度高,因此伴随人口老龄化而来的是对医疗护理服务的需求不断增加。随着"医养结合"从概念提出到普遍推广,医疗卫生服务成为老年服务中的重要组成部分是未来无可避免的趋势。乡村医疗服务发展历程有吻合总体公共服务与老年服务发展线索的部分,也有其自己的发展特征,大致可以分为五个阶段:

(1) 早期互助合作医疗(1949—1953 年)

新中国成立之初的互助组时期,为解决国家、农民与集体在医疗费用上的财力短缺状况,农民群众在政府提倡、集体支持下,自愿集资、互助共济解决医疗卫生问题,即"农民互助性的合作医疗",这是一种民办公助、具有互助共济性质的医疗方式,而不是具有保险性质的合作医疗组织。

(2) 农村合作医疗制度的探索和归整(1954—1959 年)

此阶段表现出由政府主导的医疗体系建设和由群众自发形成的互助医疗体系共同发展,最后合并发展的路径。在政府线索上,1950 年的第一次全国卫生工作会议提出有步骤地发展和健全乡村基层卫生工作,在乡村兴办集体所有制的联合诊所,并提出县设卫生院、区设卫生所、行政村设卫生委员的乡村医疗三级网。1956 年出台的《高级农业生产合作社示范章程》第一次提出集体应介入成员疾病医疗的职责。在群众线索上,全国各地有农业合作社与群众集资形成医疗保障和基层卫生机构的建设,如东北各省的统筹医疗、集体保健医疗或合作医疗;山西省的"合医合防不合药医疗制度"和"医社结合"的保健站;河南省的"社办合作医疗制度"和第一家集体所有制保健站。在此前后,山西高平、四川内江、河南正阳、山东招远、湖北麻城,以及上海、贵州、山东、河北、湖南等地乡村,相继建立了一批由农业合作社兴办的保健站和医疗站，这种类型的合作医疗在全国覆盖率达10%。

1958年人民公社成立后，原有卫生机构和人力资源加入公社医疗力量。区卫生所和乡办保健站或联合诊所合并为公社医疗机构，联合诊所和村保健站改为生产大队卫生所，并在生产队设卫生室。乡村卫生机构依托乡村集体经济组织，在短时间内得以迅速建立和发展，形成了以人民公社为中心的乡村合作医疗服务体系。《关于人民公社卫生工作的几个问题的意见》再次肯定了人民公社集体保健制度，确定由公社卫生院医院、生产大队保健站、生产队保健室卫生室组成的三级医疗组织机构，并提出分散、小型、多点的设置原则。《农村人民公社工作条例修正案》规定生产队、卫生室、保健室是乡村最基层的合作医疗卫生机构，至此农村合作医疗卫生组织体系正式固定下来。1962年的《关于改进医院工作若干问题的意见草案》《关于调整农村基层卫生组织问题的意见草案》等文件进一步促进了乡村合作医疗三级组织体系的巩固。另一方面，《健康报》肯定了"合作医疗"是群众性的新的医疗制度，1959年的全国农村卫生工作会议正式肯定了农村合作医疗制度。浙江、海南、江苏等一大批农村公社纷纷实行了合作医疗制度。同时，一些地区实行"民办医院公费医疗"即"每个社员凭民办公费医疗证，到医院门诊或住院，不再收取医药费、诊断费、手术费、挂号费、住院房租和用具费等"，但这是在急于向共产主义过渡的错误思想指导下产生的非真正意义上的农村合作医疗。

(3) 由赤脚医生领头的农村合作医疗波动期(1960—1989年)

"文化大革命"时期，由赤脚医生领头的农村合作医疗空前发展。1966年赤脚医生覃祥官在乐园公社杜家村大队办农村合作医疗试点，以"三土"即土医、土药、土药房、"四自"即自种、自采、自制、自用为特点。《人民日报》随后肯定了这种合作医疗试点。1976年卫生部组织的全国赤脚医生工作会议，促进了以赤脚医生为主要力量的农村合作医疗的进一步发展，到1976年全国已有90%的农民参加了这种合作医疗，乡村社会成员的看病难问题得到基本解决。从1970年代末到1980年代初，随着政治环境的稳定，乡村基层医疗卫生的整合工作重新展开，1979年在《关于农村合作医疗章程试行草案的通知》中将农村合作医疗制度界定为"人民公社社员依靠集体力量，在自愿互助的基础上建立起来的一种社会主义性质的医疗制度，是社员群众的集体福利事业"，其中全面、细致地规定了合作医疗的任务、举办形式和管理机构、基金和管理制度，并包含赤脚医生的相关内容。1981年提出的《关于合理解决赤脚医生补助问题的报告》进一步认为，赤脚医生是在乡村开展医疗卫生工作和计划生育工作的重要力量，彼时全国约有九成行政村生产大队实行合作医疗，覆盖了乡村85%的人口，125万名赤脚医生承担了全国乡村医疗卫生服务的主要任务。1980年代初期，赤脚医生更名为乡村医生。然而，随着人民公社制度和集体经济瓦解，以集体经济为基础的大多数乡村地区的合作医疗制度以及公共卫生机构不得不随之解体，村卫生室及合作医疗站大部分转为乡村医生的私人诊所，乡村公共医疗机制在相当长一段时间内基本上呈现真空的状态。

(4) 农村合作医疗探索与恢复期(1990—2008年)

1990年代初，农村卫生建设经验交流会由国家计委、财政部、卫生部与农业部联合召开，共同实施农村乡镇卫生院、卫生防疫站、妇幼保健站三项建设项目，促进乡村卫生事业恢复。1992年《关于建立社会主义市场经济体制若干问题的决定》提出要"发展和完善农村合作医疗制度"。国务院联合卫生部、农业部与世界卫生组织合作，在7省14县市开展农村合作医疗制度的改革试点及研究。1997年《中共中央国务院关于卫生改革与发展的决定》提出要"积极稳妥地发展和完善农村合作医疗，规定卫生事业财政投入的增长速度不低于财政支出的增长速度"，为农村卫生事业投入的增加提供了制度保障。1998年的《中华人民共和国执业医师法》对乡村医生的执业资格和身份进行了管理。《关于进一步加强农村卫生工作的决定》提出要"建立基本设施齐全的农村卫生服务网络，建立具有较高专业素质的农村卫生服务队伍，建立精干高效的农村卫生管理体制，建立以大病统筹为主的新型合作医疗制度和医疗救助制度"，推动了新型合作医疗制度的试点工作。同时，《我国农村初级卫生保健发展纲要(2001—2010)》《关于建设新型农村合作医疗制度的意见》《关于实施农村医疗救助的意见》等多项政策的出台，推动统筹规划与合理配置乡村卫生资源，建立起以公有制为主导、多种所有制形式共同发展的社会化乡村卫生服务网。中共十六大报告提出"加强公共服务设施建设，建立适应新形势要求的卫生服务体系和医疗保健体系"。2003年，国务院转发《关于建设新型农村合作医疗制度的意见》，新型农村合作医疗制度确立并逐渐在全国范围内展开。新型合作医疗明确以县作为统筹单位，各乡镇、村的缴费都要由县级政府统一核算收支，以县大病统筹为主的农民医疗互助共济，同时出台《乡村医生从业管理条例》明确了执业注册、执业规则、培训考核、法律责任等。2006年《关于加快推进新型农村合作医疗试点工作的通知》提出"要建立和完善农村医疗救助制度，做好与新型农村合作医疗制度的衔接，并扩大新型农村合作医疗试点"。到2007年，新型农村合作医疗制度转入全面推进阶段，实现了全国覆盖。

(5) 体系化、均等化、医养结合(2009年至今)

2009年后，乡村医疗卫生服务发展进入新的阶段。首先是《中共中央国务院关于深化医药卫生体制改革的意见》提出"建立覆盖城乡居民的基本医疗保障体系，城镇职工基本医疗保险、城镇居民基本医疗保险、新型农村合作医疗和城乡医疗救助共同组成基本医疗保障体系"，以及《国务院关于开展城镇居民社会养老保险试点的指导意见》鼓励地方城镇居民养老保险应与新农保合并实施。随后，《城乡养老保险制度衔接暂行办法》第一次确定城乡居民养老保险和城镇职工养老保险之间的转移衔接。2015年，卫生计生委等部门《关于推进医疗卫生与养老服务相结合指导意见的通知》对"医养结合"进一步提出了要求和具体规定。2016年，《国务院关于整合城乡居民基本医疗保险制度的意见》再次提出整合城镇居民基本医疗保险和新型农村合作医疗两项制度，建立统一的城乡居民基本医疗保险制度的要求与原则。

4.3 乡村老年服务体系的运行机制归纳

4.3.1 乡村养老模式：社会环境限定的资源供需框架

新中国成立以来，随着经济水平和制度建设的完善，福利事业整体提升，政府作为提供主体的乡村养老保障体系覆盖面拓宽,由救济式的五保户制度向以全体乡村老年人为对象的农村养老保险制度发展。土地改革后国家集体和个人对农村土地所有权、经营权的分割,使得养老责任也被分割给多个主体,更强调政府在其中的引导作用而非唯一供给作用,鼓励社会、社区、家庭、个人对于养老资源提供的协作互补。

学者从不同的角度对乡村养老模式与保障的发展阶段进行了划分。如:从经济保障的角度将乡村养老模式分为新中国成立初的家庭保障,人民公社时期的集体保障和1980年后的家庭保障为主、保障多元化三个阶段(张仕平,刘丽华,2000);从经济状态的角度分成自然经济状态下的土地与家庭保障,计划经济体制下的集体与家庭保障,以及社会转型时期农村养老保障制度化和多种养老模式并存(许照红,2007);根据老年政策的变化分为三个阶段,第一阶段以倡导非正式照顾为主、低水平救助和粗放式机构养老服务为辅,第二阶段以突显市场力量和强化家庭责任为主要特征,同时推动了城市家政服务、便民利民服务市场,以及邻里互助和社区福利服务发展,第三阶段强调政府和社会责任(张旭升、牟来娣,2011);从政治体制的角度将中国乡村的老年保障方式分为三个阶段,第一阶段(新中国成立之初到人民公社成立前)是五保老人供养制度萌芽,非五保老人由家庭供养,第二阶段(人民公社时期)实行家庭支持与集体保障相结合,通过"口粮加工分粮"或"工分粮加照顾"等方式,无家庭支持的老年人在丧失劳动能力后可以从五保供养制度中得到支持,第三阶段(1980年代以来)的家庭联产承包责任制使得家庭传统的经济功能以及对老年人的供养功能又重新回落到家庭中来(石秀和等,2006)。凌文豪(2011)认为我国乡村养老模式是从传统农业生产方式下的家庭一元养老,集体农业生产方式下的家庭与五保集体供养二元养老,到社会化生产方式下的家庭、五保、社会保险等多元养老。王红艳(2015)从社会经济、制度、文化的角度,将乡村养老方式的演变分为新中国成立前、新中国成立之初社会主义改造之前、社会主义改造完成之后、县级农村养老保险制度的试点阶段、"新农保"试点阶段五个阶段。

无论是哪一种划分方法,都强调了养老模式的选择并非由人们的主观愿望决定,而是经济水平、保障制度、政治导向、社会结构等客观运行的自然结果。由于儒家孝道规范,中国古代社会中养老并不构成一个社会问题。然而人口和社会经济的变化使得这一传统约束日渐衰微。计划生育带来家庭代际反哺功能弱化、社会体系和养老代替手段的滞后等情况,使得养老问题接踵而至。在农村地区,新旧体制与观念的交替过程并非此消彼长,而是在旧观念被破坏之后老人"失去依靠,无所依归",因此养老这一课题又在近年来频繁被提上研究日程。纵观新中国成立后我国的养老方式变革,主要体现在供养资源内容的扩充和服务流通渠道的扩展。尤其是在家庭养老之外的社会养老保障经历了从无到有、从城到乡的过程,机构护理对老年人容忍度逐渐增加。养老模式是某种特定社会环境的反映,同时也是在某种特定社会环境中对具体建设策略进行规定的指导框架。本书认为目前所惯用的"养老模式"实际上包含"提供"与"分配"两个过程,也就是老年人最终能获得的养老支持的"供养资源水平"和"资源分配方式"的组合形式。"提供"过程取决于社会生产力发展水平以及社会保障制度,前者决定了养老资源的供给水平上限,后者决定了养老资源对老年对象的实际供给水平标准;而"分配"过程则取决于政治体制决定下的养老资源的管理方式,以及包含传统、伦理、价值的社会文化所进行的分配协调作用(表4.1)。

表 4.1 我国养老模式阶段与其变化机制

阶段	提供过程			分配过程		主要养老模式
		经济发展水平	养老保障政策	政治体制	社会文化	
第一阶段 1949—1953 年（新中国成立初到互助组）	低	民众内部交换的低水平的生存资料支持	政府力量较弱，以群众自己负责、自发联合为主	土地和生产工具归农民所有的土地制度	以家庭作为生活与生产单位，养老责任归于家庭的传统观念	经济支援与服务提供都由自身解决的自我及家庭养老＋自发互助养老
第二阶段 1954—1978 年（农业初级社到人民公社）	↓	个人通过提供劳动换取集体资源，以及集体提供的五保户小范围救济式的生存资料支持 ＊随形式变化，集体和个人（互助）力量相互补充	《宪法》明确了我国老年人福利事业的指导思想和发展方向，主要针对五保户的集体保障，集体经济基础上的旧农合医疗保障制度	土地由私有转化为公有制的社会主义集体经济，生产资料所有权与公共事业责任都向集体聚拢	以集体作为生产单位，家庭为主、集体为辅的养老责任分担	集体支持下的个人与家庭养老模式＋针对五保户的集体保障
第三阶段 1979—2008 年（旧农保阶段）	↓	受限于经济水平所提供的名义上的国家经济支持，以及国家提供的五保户小范围救济式的生存资料支持	逐步开展养老金制度和农村集体福利事业，由集体保障变为实为个人储蓄的“老农保”，规范化的五保户制度	土地分权的家庭联产承包责任制和统分结合的双层经营体制	家庭重新作为生产单位，养老责任回归个人与家庭	国家保障下自我与家庭养老＋针对五保户的国家保障下的居家、机构养老模式
第四阶段 2009 年至今（新农保阶段）	高	经济水平允许更切实的国家养老经济支持，也使多元社会支持供给成为可能	政府买单的基础养老金和个人储蓄型账户养老金结合的“新农保”，规范化的五保户制度，提倡多主体的参与	城乡统筹，发展导向的农村土地制度改革与权利分割	家庭、社会与国家共同分担养老责任，提倡和支持养老服务社会化	国家保障下的个人及家庭养老＋不断推进的社会养老模式＋针对五保户的国家保障下的居家、机构养老模式

（来源：自绘）

4.3.2 乡村老年服务：资源供需流动的具体组织形式

在新中国成立后，我国农村地区经历了农业社会主义改造时期，“社”管理体制下由集体进行公共服务供给，这一政治体制在强化服务供给的同时也造成了城乡二元格局。而集体力量削弱后取而代之的建制（行政）村、村民委员会管理体制，虽然在一定程度上弥补了公共服务的不足，但又进一步加剧了二元格局。当二元格局发展到一定程度，农村人口结构老化、“三留守”群体扩大和村庄空心化现象等农村基层社会治理中的新情况和新问题不断产生，凸显了农村居民多样需求与农村公共事业供给之间的矛盾。当管理体制对包括公共服务在内的乡村发展造成影响时，变革乡村管理、破除二元格局又成为新的改革目标，即通过农村社区建设缓解农村人口流失、集体经济弱化以及老龄化等问题，并针对传统农村结构中相对缺位的公共产品和社区服务，“构建政府服务、村民自我服务与市场化服务有机结合的农村社区基本公共服务体系”，消解城乡二元结构。不难看出，社会管理和社会服务能力的滞后是农村基层管理体制改革的主要动因，因而管理体制与公共服务具有重大关联。本书以乡村基层组织形式的变化作为发展线索，分阶段来解释新中国成立后与老年人相关的乡村公共服务发展历程（表 4.2）。

表 4.2　我国乡村公共服务发展历程

<table>
<tr><th colspan="2" rowspan="2">乡村基层组织形式</th><th colspan="3">乡村公共服务</th></tr>
<tr><th>乡村公共服务整体</th><th>乡村社会养老服务</th><th>乡村医疗卫生服务</th></tr>
<tr><td>农业合作化制度阶段</td><td rowspan="4">城乡二元体制形成</td><td>由政府、基层和群众组织多方拼凑的零散的公共服务</td><td>互助共济</td><td>自我组织的医药合作社</td></tr>
<tr><td rowspan="2">人民公社化制度阶段</td><td rowspan="2">公社集体提供的基本公共服务，具有体系封闭性</td><td rowspan="2">以小规模集体供养为主的农村社会养老服务</td><td>政府与群众两条路径的医疗卫生服务探索与归并</td></tr>
<tr><td>赤脚医生领头的农村合作医疗波动期</td></tr>
<tr><td>村民委员会制度阶段</td><td>村集体提供的基本公共服务，具有体系封闭性和社村管理混同性</td><td rowspan="2">以机构附带服务为主的农村社会养老服务</td><td rowspan="2">农合的恢复与重建
新型农村合作医疗制度的展开</td></tr>
<tr><td>农村社区化前期实验阶段</td><td rowspan="2">城乡二元体制破除</td><td>国家提出统筹城乡发展、优化资源配置，以解决农村基本公共服务供应问题，首要就是解决城乡基层管理体制的相异性。部分地区出现农村社区化管理的雏形</td></tr>
<tr><td>农村社区化制度阶段</td><td>推行农村社区建设工作，从管理体制的梳理（农村社区化、村—社区关系）和服务提供来源的扩充（城乡公共服务均等化）推进农村社区公共服务体系建设</td><td>以服务单独提供为主的新型农村社会养老服务</td><td>城乡基本公共卫生服务均等化</td></tr>
</table>

（来源：自绘）

老年服务组织形式是在不同政治经济框架下，为不同主体的养老资源提供内容，并对其分配的途径进行具体化，包含内容与渠道两个方面，前者是主体对应使用者客体需求提供的相应资源内容，后者是乡村基层管理组织统筹这些服务资源由主到客地流动。乡村基层管理组织和与之相对应的乡村(社区)组织形式，向上集中了乡村作为一个单位可以获得的各方主体提供资源的内容和量，向下协调可以输入给接收对象的资源的内容和量，而对应客体需求是今后老年服务工作的重点，应使得分配更有针对性和有效性。目前我国老年服务的发展方向是在居家、社区、机构组合模式下发展互相支撑、互为补充的多元、多方、多类的养老服务。在这样的要求下，就必须建立适应当前我国养老建设方向的，适合乡村地区基层管理组织架构的服务供给系统，以实现“基本公共服务均等化”，充分合理利用农村内外部资源，针对农村老年人需求，全方位、多层级、多主体分工负责。

4.3.3 乡村老年设施：资源接收终端的实体表现

纵观我国乡村老年建设的发展历程，可以清晰地发现其模式、服务、设施基本对应的线索，以及养老模式与服务体系的深化关系(表 4.3)。在未形成明确的基层管理组织结构的互助组时，养老资源供应来源较为随机、零散，因此在设施建设上以农民自我组织的互助型的医药合作社和敬老院为主。随着集体化程度的加深，敬老院开始依托集体经济为五保户提供最基本的生存保障，而其中要注意的是集体保障实际上也是一种农民间的互助行为，是以集体(社)为范围的一种较为正式的互助服务。在国家提出自上而下的建设愿景的同时，实际依然依靠农民集资集力，以自下而上的方式逐步形成了合作医疗制度，最后经由人民公社的管理力量归并为公社医疗，形成以人民公社为背景的三级医疗组织机构。在此背景下却超越时代发展水平地提出了全民免费医疗的口号。“文革”期间，当基层统一管理手段弱化后，农民自发力量又成为补充正统体制的最大能量，形成了我国农村卫生史上特殊而不可忽略的“赤脚医生”时期，此时医疗机构也变得“私人化”“自给化”，增加了药材自我生产等功能，后随着农村合作医疗制度依赖的人民公社制度和集体经济瓦解，绝大部分村卫生室(合作医疗站)成了乡村医生的私人诊所。人民公社完全解体后，国家在探索覆盖全体老年人养老、医疗保障工作的恢复与重建同时，针对人群范围的扩大化，建设了一批以为全体老年人提供居住、娱乐和简单照护功能的设施。时至今日，“服务均等化”“居家与社区”“服务为主机构为辅”“医养结合”成为新的关键思路，“互助”在农村养老中的重要性也得到充分肯定，乡村老年建设走上快速发展道路。农村社区在整体规划中得到改革，城乡协作渠道进一步疏通，养老设施向日间使用、服务提供、医养协作转变。

表 4.3　我国乡村养老建设中模式—服务—设施的对应关系

<table>
<tr><th rowspan="2">体制</th><th rowspan="2">养老模式</th><th colspan="3">服务体系</th><th colspan="3">设施建设</th></tr>
<tr><th>总体发展</th><th>养老服务</th><th>医疗服务</th><th colspan="2">医疗设施</th><th>养老设施</th></tr>
<tr><td>互助组</td><td>自我/家庭+互助提供的福利救济</td><td>自愿联合</td><td>自愿联合</td><td>自愿集资、互助共济</td><td colspan="2">自我组织的医药合作社</td><td rowspan="2">自愿联合的互助型敬老院</td></tr>
<tr><td>初级社</td><td rowspan="4">自我/家庭+集体保障（较为正式互助行为），以及对五保的集体福利救济</td><td rowspan="5">“社”体制的二元发展</td><td rowspan="4">经济、生存服务：集体对以五保户为主的社员提供的基本生存保障</td><td rowspan="2">公助与互助的各自发展与归整</td><td rowspan="2">国家在县和区一级逐步建立全民所有制的卫生院、医院</td><td>农业合作社、农民和医生共同出资建立“医社结合”保健站</td></tr>
<tr><td>高级社</td><td>以集体经济为基础，以集体与个人相结合、互助互济的“社办合作医疗制度”，建立集体所有医疗站</td><td rowspan="2">以集体经济为依托的敬老院</td></tr>
<tr><td rowspan="2">人民公社</td><td>“全民免费医疗”“合医合防又合药”的农村合作医疗制度</td><td colspan="2">各种医疗自愿全部纳入公社医疗，公社卫生院医院—生产大队保健站—生产队保健室（卫生室）组成三级医疗组织机构</td></tr>
<tr><td>赤脚医生主导的互助式医疗</td><td colspan="2">自给自足的队卫生室</td><td>敬老院大量减少</td></tr>
<tr><td>公社+家庭联产</td><td>自我、家庭、乡统筹福利救济</td><td>“重视农村集体福利事业”，以人民公社为基础的养老制度的出现和夭折</td><td>赤脚医生的合法化</td><td colspan="2">公社卫生院和队卫生室的重整，随着公社解体，卫生室逐渐私人化</td><td>敬老院进入“村提留乡统筹供养时期”</td></tr>
</table>

（续表）

<table>
<tr><th rowspan="2">体制</th><th rowspan="2">养老模式</th><th colspan="3">服务体系</th><th colspan="2">设施建设</th></tr>
<tr><th>总体发展</th><th>养老服务</th><th>医疗服务</th><th>医疗设施</th><th>养老设施</th></tr>
<tr><td rowspan="6">家庭联产</td><td rowspan="2">开展农村社会养老保险工作（实为个人储蓄）</td><td rowspan="2">“村委”体制的二元延续</td><td rowspan="2">经济/生存＋少量照护：以机构建设为主</td><td>农合恢复与重建</td><td>建农村乡镇卫生院、卫生防疫站等</td><td rowspan="2">老年人社会福利机构、星光计划、老年人居住建筑</td></tr>
<tr><td rowspan="2">新型农村合作医疗制度</td><td rowspan="4">健全以县级医院—乡镇卫生院—村卫生室三级医疗组织机构；明确村卫生室功能定位和服务范围</td></tr>
<tr><td rowspan="4">推行农村低保和国家参与的农村养老保险；
多元化，家＋社区＋机构，同时推广互助养老</td><td rowspan="2">社区化，二元破除，城乡基本公共服务均等化</td><td rowspan="2">经济/生存＋照护＋精神：以服务提供为主</td><td rowspan="3">建设幸福院、日间照料中心、托老所、老年活动站等互助性养老服务设施</td></tr>
<tr><td>城乡基本公共卫生服务均等化</td></tr>
<tr><td>推进居家和社区养老服务</td><td>以居家为基础、社区为依托、机构为支撑的养老服务体系</td><td>建立统一的城乡居民基本医疗保险制度</td></tr>
<tr><td colspan="3">积极推进医疗卫生与养老服务相结合</td><td colspan="2">医养结合设施雏形</td></tr>
</table>

（来源：自绘）

4.3.4 乡村老年服务体系的运行机制归纳：从模式、服务到设施

在乡村老年建设的系统中，乡村环境的特殊性在养老模式层面通过经济、制度影响提供和体制、文化影响分配来表现。养老模式结合经济、政治背景特征为整个建设提供框架。养老服务组织是养老模式的具体化，在不同的政治经济框架下，明确不同主体提供的养老资源内容及其配置方式，对资源进行具体分配，包括具体资源内容、流通渠道（组织模式）以及客体即乡村老年人的需求。农村基层管理组织和相应的农村（社区）组织与上级单位确定主要参与方提供的资源的内容和数量，并协调向接受方投入的资源的内容和数量。而老年设施则是这个运行机制的终端，是服务组织的空间载体（图 4.1）。运行机制的厘清一方面从原理上允许了从设施建设问题回溯上层搭建的可能性，另一方面也为这种溯源指明了路径，因此有助于对目前建设现状和问题进行从表象问题到系统根源的深层解读。

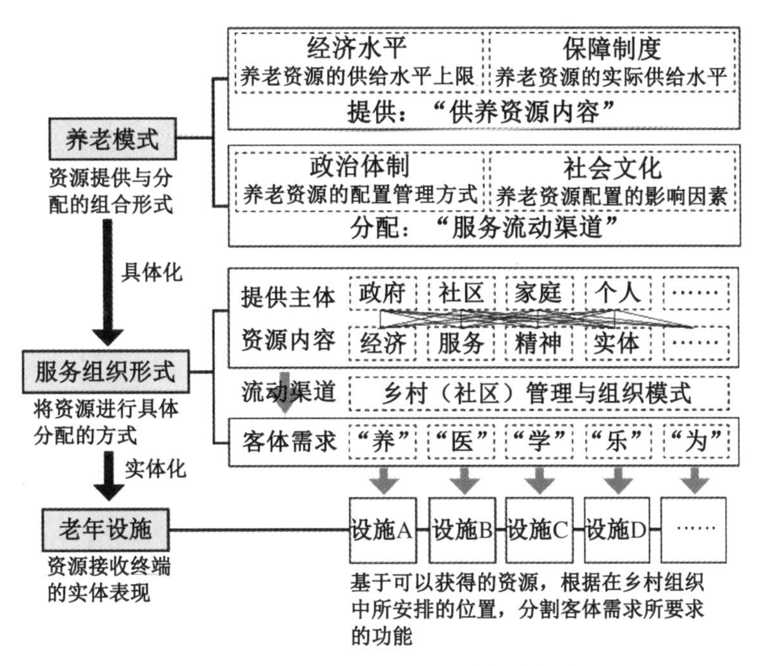

图 4.1 模式—组织形式—设施的内在关系

(来源:自绘)

5 路径深化：乡村老年服务设施要求探究

5.1 研究方法与过程

5.1.1 研究对象选择

乡村老龄化问题是在"乡村"这一概念的不断变化中的一个多阶段问题，如前述，定义"乡村"及乡村内部差异是困难的，目前除了有关健康计划的框架(Murray 等，2004)，在老龄化方面尚没有合适的乡村类型评估框架。本研究参考"乡村性"这一用以衡量某地区更偏向于城市还是乡村的概念(张小林，1998)，同时认为乡村地区生产力发展水平是"乡村性"的体现，并决定了老龄化问题的表现形式和解决路径，因此选择浙江北部两种不同类型的乡村作为不同"乡村性"水平的样本，以减少结论中的偏差，"乡村性"高的村落发展水平低。其中，"高乡村性村落"需要首先经历从无到有的老年建设启动过程，而"低乡村性村落"则已与城市状况相近，因此本研究仅围绕中低型和中高型乡村进行(表 5.1)。

表 5.1 乡村类型的划分及研究对象的选择

乡村性	产业特征	经济水平	养老现状	老年问题导向	研究选点
低	工商业	高	偏向城市化	在就地城镇化趋势下，基础设施向城市标准迈进	—
中低	农副手工业 乡村旅游业	中高	经济问题基本解决，有基本养老设施	以经济水平为基础进一步提升老年服务与基础设施建设	H 村
中高	农业及休闲农业	中低	经济问题突出，有基本养老设施	提高经济水平并在可能的范围内提升老年服务与基础设施建设	D 村
高	农业	低	经济问题突出，基本养老设施不全	外部扶持提升经济水平和产业多元化发展，初期投入推动养老事业启动	—

(来源：自绘)

H 村位于浙江省北部，下辖中心村在内的 6 个自然村，村域面积约 6.8 km^2，总人口 1 395人。该村北靠国家级风景旅游名胜地，具有良好区位、交通和自然资源优势，以乡村旅游、生态民宿等产业收入为主要经济来源。2012 年全村实现乡村经济总收入 24 474 万元，村集体收入 112 万元，村民人均纯收入 16 892 元。村内基础设施配置完善，2015 至 2016 年完成中心村活动广场、文化礼堂、旅游咨询中心、邻里中心、幼儿园，以及居家养老服务中心的翻修建设,并较早地开展了责任医生签约服务等。

D村位于浙江省北部,下辖中心村在内的 12 个自然村,村域面积约 1.6 km^2。村内第一、第二、第三产业分别占总产值的 94.2%、3.4%、2.5%,是典型的以竹、茶业为主的传统农业型乡村。该村 2015 年常住人口 1 894 人,60 岁以上老年人口 409 人。其于 2013 至 2014 年间完成了包括社区综合服务中心、停车场、幼儿园、卫生站及老年活动室在内的公共服务设施的建设。

5.1.2 整体研究框架

根据前文论述,需求是乡村老年建设提升的内在驱动力。老年人问题在本质上是老年人的需求与支持体系之间的矛盾,Lawton 的模型提出个体适应周围环境的方式受个人能力和环境压力影响,因此在理想情况下,顺应使用者能力与要求构建适老环境,可以有效减少老年人所面对的环境压力。这种从提供者视角转变为使用者视角的服务提供方法,承认了使用者在服务提供系统中的核心作用,被称为“需求驱动的照护(DDC)”和“需求导向的照护(DOC)”。由于到目前为止在我国“以老年人的需要为导向来制定社会政策还是一个较新的概念”①,因此,在对老年人需求普遍性与特殊性认知的基础上,以普遍性为基本参照,以特殊性为探究前提,将乡村老年人作为独立的研究个体,通过在地研究的方式进一步探究其区分于其他群体的特殊要求。同时,根据老年人需求的多样性特征选定具有一定代表性的调研目的地,并根据动态性特征通过科学工具对老年人进行能力分级评判以对应空间设计。具体而言,则是围绕“人”与“空间”两条线索构建乡村老年建设空间要求的调研框架,其中“人”线索围绕研究对象即乡村老年人的主观需求特征与时间行为特征展开,“空间”线索围绕研究对象在村域与设施两个层面空间的行为特征展开。最后,通过需求特征结果导出功能模块指标,通过行为特征导出空间偏好导则(图 5.1)。

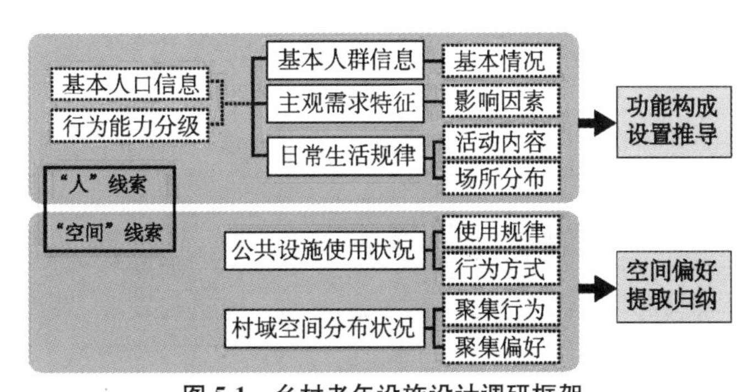

图 5.1 乡村老年设施设计调研框架

(来源:自绘)

1. “人”线索的调查研究过程

(1) 基本人群信息的获得

过往文献中不同领域的学者分别验证了乡村老年人的养老服务选择意愿与年龄、性别、

① 国家应对人口老龄化战略研究,中国城乡老年人基本状况问题与对策研究课题组. 中国城乡老年人基本状况问题与对策研究[M]. 北京:华龄出版社, 2014.

受教育程度、职业状态、经济收入来源、婚姻状况等的关联关系，因而收集了被调查者医疗费用支付方式、经济来源、文化水平、宗教信仰，以及身体状况和患病情况等人口信息。

采用我国第一套系统囊括老年人生理与心理科学评价标准的评估工具《老年人能力评估》(MZ/T 039—2013)对调研对象的身体、精神状况及自理能力进行客观评价。该评价工具是民政部联合全国社会福利服务标准化技术委员会，在参考了国内外老年人评估工具基础上编制而成，通过日常生活活动、精神状态、感知觉与沟通、社会参与四个方面的逐项评估(表5.2)，将老年人能力划分为能力完好、轻度失能、中度失能、重度失能四等级。

表5.2　《老年人能力评估》包含评估指标

一级指标	二级指标
日常生活活动	进食、洗澡、修饰、穿衣、大便控制、小便控制、如厕、床椅转移、平地行走、上下楼梯
精神状态	认知功能、攻击行为、抑郁症状
感知觉与沟通	意识水平、视力、听力、沟通交流
社会参与	生活能力、工作能力、时间/空间定向、人物定向、社会交往能力

(来源：根据规范自绘)

(2) 基于"六个老有"的主观需求探索

党中央提出的"老有所养、老有所医、老有所为、老有所学、老有所乐、老有所教"六个"老有"基本涵盖了老年人需求的主要方面。通过细化和扩展六个"老有"及其对应功能空间(表5.3)，应用"非常需要、需要、无所谓、不需要、非常不需要"五级李克特量表形成"老年人主观需求调研问卷"。第二次调研为提高进行效率，修改了部分表述，使问题更具象和便于理解，如参照需求对应的设施条目，假设村内已有相关设施，将"非常需要、需要、无所谓、不需要、非常不需要"分别对应"会经常去、会去、不一定、不会去、绝对不会去"进行提问。此外还对需求细分项目进行了重新整合。

表5.3　根据六个"老有"形成的老年人需求项目及对应的设施

"老有"要求(一级项目)	内涵	具体需求(二级项目)	问卷项目1*(三级项目)	问卷项目2*(三级项目)	对应设施
老有所养(生理)	人们进入老年后，在不能自己解决生活问题的情况下，能够得到家庭、社会的赡养。满足老年人衣、食、住、行的基本需要以及生活照料和精神慰藉的特殊需要	经济(保险)保障	C1.1 养老金/保险咨询	C1 养老金/保险咨询	养老保险事务室、咨询室、谈话室、法律援助室
		上门日常协助	C1.2 上门日常家务协助	C2 上门日常家务协助、洗澡清洁协助、送餐服务、陪护外出	(协助员办公室、外送厨房、停车场)
			C1.3 上门洗澡清洁协助		
			C1.4 上门送餐服务		
			C1.5 上门陪护外出		
		设施日常协助	C1.7 设施身体清洁	C3 设施身体清洁	老年公共浴室
			C1.8 设施用餐	C4 设施用餐	村民食堂
			C1.9 设施午间休息	C5 设施午间休息	休息室
		设施居住	C1.10 设施短住(过夜)	C6 设施短住(过夜)	短住房间、养老中心
			C1.11 设施长住	C7 设施长住	老年公寓、养老院

（续表）

“老有”要求（一级项目）	内涵	具体需求（二级项目）	问卷项目1*（三级项目）	问卷项目2*（三级项目）	对应设施
老有所医（安全）	满足老年人看病治病的需要	日常健康管理	C2.1 营养保健知识普及	C8 营养保健知识普及或养生讲座	知识栏、教室
			C2.2 健康档案保存与咨询		
			C2.3 心理健康咨询	C9 心理健康咨询	心理咨询室、宗教设施
			C2.4 日常健康保健	C10 日常健康保健	健身室、室外健身广场、运动场
		上门医疗护理	C2.6 上门慢性病定期看护	C11 上门慢性病定期看护、药物管理	（上门医疗看护准备室）
			C2.7 上门药物管理		
		设施医疗护理	C2.5 小病常见病治疗	C12 小病常见病治疗	卫生室/村诊所
			C2.8 牙科、足科、听视觉专科护理	C13 牙科、足科、听视觉专科护理	相关医疗科室
			C2.9 按摩理疗	C14 按摩理疗	按摩理疗室
			C2.10 大病紧急医疗交通	C15 大病紧急医疗交通	（接应室、停车场）
老有所教（精神）	通过思想政治教育，使广大老年人做到政治坚定，思想常新，理想永存	政治参与	—	—	教室
老有所学（精神）	根据自己的爱好，学习掌握一些新知识和新技能	学习知识技能	C4.1 生产性相关讲座（农业技能等）	C16 生产性相关讲座（农业技能等）	老年大学（教室）
			C4.2 非生产性相关教学（舞蹈、唱歌、绘画、书法等）	C17 非生产性相关教学（舞蹈、唱歌、绘画、书法等）	
		日常知识获取	C4.3 读书读报	C18 读书读报、上网	阅览室、网络室
			C4.4 上网		
老有所乐（精神）	通过开展各种各样适合老年人特点的文体活动，为老年人增添欢乐，幸福安度晚年	棋牌游戏	C5.1 棋牌游戏	C19 棋牌游戏	棋牌室
		文娱活动	C5.2、C5.3 音乐、舞蹈、戏曲、电影、绘画、手工	C20 音乐、舞蹈、戏曲、电影、绘画、手工	戏台、舞台、文化礼堂、剧场、舞蹈广场、工作室

（续表）

“老有”要求（一级项目）	内涵	具体需求（二级项目）	问卷项目 1*（三级项目）	问卷项目 2*（三级项目）	对应设施
老有所为（尊严）	倡导老年人用自己积累的知识、技能和经验，多做有益于国家、社会和邻里之事，以适当方式参与到经济社会发展的各个环节之中	技能展示	C6.1 技能展示场地	C21 技能展示、经验分享	展览馆/教室
			C6.2 经验分享场地		

1* 用于 D 村，2* 用于 H 村

（来源：自绘）

(3) 日常生活规律与场所分布的获得

基于被调查对象的实际情况，采用询问、交谈、帮助回想等形式获取调查对象一日各时间点行为活动及其发生地点。行为记录首先要求对行为进行编码，然而虽然有很多适用于儿童的行为编码系统(Cosco 等，2010)，适用于老年人的编码工具却很难找到。因此考虑在预调查的基础上，将老年人行为分为基础生理活动的睡眠(S)和进食(M)，劳务活动的工作(WD)和家务(WH)，以及其他活动(ET)，包括医疗活动(ET－H，一系列与健康有关的行为，如咨询、服药和治疗)、文艺活动(ET－M，主要是广场舞、乐器排练等)、商业活动(ET－B，购买物质产品，包括餐食)、娱乐活动(ET－C/T，包括棋牌游戏和看电视等)、休闲活动(ET－W，徘徊或漫步)、交流活动(ET－G，非正式的语言交流，如闲聊等)、有目的的学习(ET－O，包括上网、阅读等)，以及休息或无目的的行动(ET－R)(表 5.4)。除此之外还对老年人常规性活动发生场所进行了初步调查，分为三类：住宅室内(i)，包括自宅或亲戚子女的住宅；劳作场地(w)，一般包括田地和工厂；不特定的场所(P1)，用于概括调查中出现的如闲聊、闲逛等活动发生地点具有随机性或难以描述性的情况，包括村道、空地等；最后是村内常规性行为发生的公共设施，以 P2～Pn 表示(表 5.5)，并以“行为偏码—地点偏码”的形式记录。

表 5.4 常规性行为的内容与设定记录代号

基础活动(S/M)	睡眠(S)	起床(S－U)/日间睡眠休憩(S－D)/夜晚睡眠(S－N)
	进食(M)	早餐(M－B)/午餐(M－L)/晚餐(M－D)/其他(M－A)
劳务活动(W)	工作活动(WD)、家务活动(WH)	
其他活动(ET)	医疗活动(ET－H)、文艺活动(ET－M)、商业活动(ET－B)、娱乐活动(ET－C/T)、休闲活动(ET－W)、交流活动(ET－G)、学习(ET－O)、休息或无目的(ET－R)	

（来源：自绘）

表 5.5　行为发生地点的分类与设定记录代号

i	住宅内
w	劳作地点(如田地、工厂)
P1	不特定的场所(在以下场所之外的，包括道路、公园、小卖部等)
P2～Pn	具体公共场所

(来源：自绘)

2. "空间"线索的调查研究过程

以空间为线索的调查研究包含环境与行为两个方面。其中，环境数据的获得方式主要有三种途径：电话访谈或自填问卷、系统观测方法、地理信息系统分析(Brownson 等，2009)。由于条件限制，本研究通过摄影摄像、平面勾画的方式记录被调研的物理环境；同时采用行为映射方法(Behavior mapping)观测与记录使用者行为，这是最早由 Ittelson 等学者定义的一种通过使用手绘图形、手持数字编码设备或 GIS 等数字手段探究行为与其发生的物质空间关联的结构化观测技术(Ittelson 等，1970；Björklid，1982；van Andel，1984)。通过这样的方法，在设施和村域两个层面展开调研。

(1) 公共设施的使用状况。公共设施定义为商业、教育、福利、行政、文化和其他特定的公共功能空间。参考行为流行病学(Behavioral epidemiology)研究阶段的五阶段框架(Sallis 等，2000)建立研究过程：①记录设施内在 1 小时内停留超过 30 分钟的老年人和非老年人的数量及其行为类型；②根据记录结果选择有代表性的时间截面进行行为映射记录与分析；③对设施内活动特征(行为与空间的匹配程度、多样性程度、相互作用程度、活跃度和老年用户比例等)和设施空间特征(空间约束程度、可访问性、可识别性和可停留性等)进行量化分析，以探究活动与空间特征的关联。

(2) 村域分布记录与空间偏好分析。综合考虑数据全面性和操作可能性，根据"一日常规行为—时间对应图表"和"一日活动地点—时间对应图表"显示的峰值截面，集中记录 9:00、13:00、15:00、19:00 四个时间点在村域范围内的老年人分布状况。由于田地的空间属性特殊，因此记录范围限定为村域主要人居片区(MRA＝中心村，RA1 ～4＝主要人居片区)内。这一层面所研究的场所将不限定于单一建筑体本身，而是从更广泛的视角观察老年人对乡村所包含的被定义或未被定义的整体空间的使用方式和偏好，尤其关注非特定功能空间，如道路、交叉口、空地，以及建筑的延伸部分等。两村平面与公共设施位置如图 5.2。

5.1.3　调研基本情况

由于条件限制，在实地调研中采用方便取样、一对一访谈的形式由调研者填写完成问卷，调研时间选择在五月底天气和气温状况良好的半周，考虑到可能出现的情况，调研时间跨越平日与周末。D 村共调研 112 人，剔除有漏缺项和明显前后不一致的问卷后收到需求部分的有效问卷 101 份、生活部分 87 份；H 村共调研 100 人，收到需求部分的有效问卷 90 份，生活部分 83 份(表 5.6)。

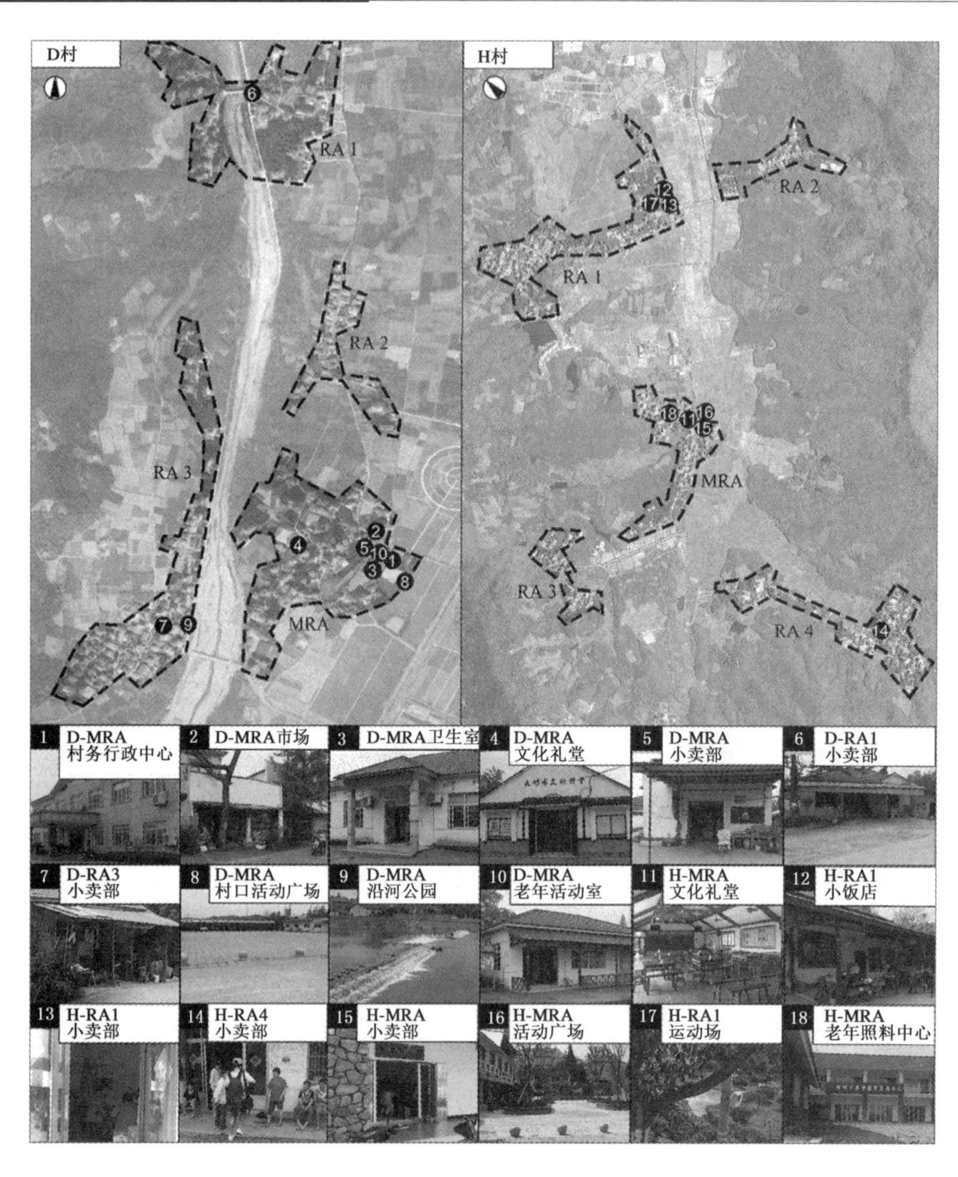

图 5.2 调研对象平面与公共设施位置

（来源：Google 地图/自摄/自绘）

表 5.6 D 村问卷发放及回收情况概览

发放地点	问卷数量	有效问卷数量	问卷有效率
D 村及下属自然村村域范围内	112	101(基本情况) 101(需求部分)/87(生活部分)	90.2% 90.2%/77.7%
H 村及下属自然村村域范围内	100	90(基本情况) 90(需求部分)/ 83(生活部分)	90% 90%/ 85.6%

（来源：自绘）

5.2 基于人群特性的服务内容探索

5.2.1 基本人群信息

D村101名有效受访者的基本情况汇总中(表5.7)，受访者文盲与非文盲的比例约为4∶6，非文盲中绝大部分为小学学历，大专及以上只占1%。约26%的调查对象有宗教信仰，大部分为基督教，也有个别佛教徒。被访者D-Y15(女，66岁)试图通过基督教缓解因身体状况较差而导致的消极心态。在居住状况方面，与配偶/伴侣或与子女同居的老年人占九成以上，该村由于老年人不能分到宅基地，年轻人普遍工作地点较近等原因，老年人与子女同居情况较多；而在与子女分开居住的情况下，则多见子女住较好房屋、老年人住较差房屋的现象。养老金、子女补贴与个人工作收入构成该村老年人主要经济来源并且相互补充，尤其是在前两者无法支持生活开支时，不得不无视身体状况而持续劳动，如患有痛风的D-Q12(女，66岁)，虽然发病时疼痛难忍且一耳失聪，但由于儿女补贴较少，故仍在村里干日结工资的农活；D-L10(女，64岁)即便腿脚和关节经常疼痛，也依然在工厂打无休日的杂工赚钱。有些老人甚至还因需要照顾其上一辈而工作，如D-L07(男，70岁)为照顾中风瘫痪在床的老母亲需干活赚钱。不过也有老年人对持续劳动抱有积极态度，如白天长时间进行村内清扫工作的D-Y07(男，68岁)认为工作能使自己保持健康并且也不需要其他的娱乐活动。

表5.7 中高型村调研对象基本状况

人口信息	
性别	男性53.5%；女性46.5%；男女比例1.15∶1
年龄	60～69岁58.4%；70～79岁21.8%；80岁以上19.8%；平均年龄70.3岁
文化程度	文盲40.6%；小学47.5%；初中8.9%；中专2%；大专及以上1%
宗教信仰	无74.3%；有25.7%
婚姻状况	未婚2%；已婚83%；丧偶15%
居住状况	独居5.9%；与配偶(伴侣)43.6%；与子女26.7%；与配偶及子女20.8%；与配偶及父母1%；与配偶、子女及父母2%
医疗费用支付方式	新型农村合作医疗(大病保险)78.2%；贫困救助1%；商业医疗保险1%；全公费0；全自费6.9%；新农合+商业医疗保险3%；贫困救助+全公费2%；商业医疗保险+全自费5%；其他3%
经济来源	退休金(养老金)53.5%；子女补贴10.1%；亲友资助0；工作收入12.9%；养老金+子女补贴5%；养老金+工作收入10%；子女补贴+工作收入3%；养老金+子女补贴+工作收入1%；其他收入1%

（续表）

身体能力状况	
日常生活活动	0 级 53%；1 级 44%；2 级 2%；3 级 0%
精神状态	0 级 58%；1 级 30%；2 级 11%；3 级 1%
感知觉与沟通	0 级 66%；1 级 9%；2 级 24%；3 级 1%
社会参与	0 级 72%；1 级 25%；2 级 3%；3 级 0%
总体能力等级	0 级 34.6%；1 级 62.4%；2 级 3%

（来源：自绘）

受访者中轻度失能的比例较高，在四项能力评估中自立性损失最严重（自立比例最小）的依然为生活活动能力，但严重损失（2 级及以上）比例较大的则是精神状态、感知觉与沟通两个方面。该村老年人有记录的疾病种类为脑部中风、耳类疾病（耳聋、耳背）、眼类疾病（失明或视力低下）、腿脚残疾、关节疼痛、高血压、糖尿病、心脏病、气管疾病，根据卫生机构提供的数据，该村患高血压、心脏病人数最多，其次是糖尿病、胆囊炎、胆结石、支气管炎等。慢性病的增加对老年人的经济压力和生活质量造成极大影响，如 D－Q03（女，73 岁）患有严重的糖尿病，全身疼痛，需要每天打两针胰岛素，以及服用安眠药才可入睡，此外左右眼接近失明，尤其是天黑后几乎看不清，使其医疗负担增加，并且几乎丧失参与娱乐活动的机会。此外，老年人心理健康状况不容忽视，不少老年人在采访中提到抑郁、躁狂、戒备、低落等情绪以及失眠情况，如编号 D－Z01（女，69 岁）即便家庭经济优越与健康状况良好，但依然情绪低落，而缺乏心理疾病检测和治疗让其无法好转。

H 村 90 名有效受访者的基本情况汇总中（表 5.8），在教育程度方面，文盲与小学学历的比例与 D 村十分相似，但最高学历达到大专及以上，教育程度分化更为明显。高学历的老人倾向于对周边养老环境持有一定见解，如 H－L14（男，大专及以上，64 岁）提出了养老设施在建设上需考虑选址、功能、运营的看法。该村具有宗教信仰的比例明显较高，达到 45.6%，以佛教为主。在寺庙中工作与修习的 H－W06（男，佛教，69 岁），关心国家大事与养生知识，整体精神面貌较好；H－Z06（女，佛教，66 岁）在交谈中常讲到善心随缘，对生活状况有较高满意度；而 H－L04（男，64 岁）本身不信教，却认为通过宗教可以实现低价高质的互助养老。

该村老人四项能力中精神状态受损比例最高，严重受损的比例也最高。有记录的疾病种类为面部神经受损、痛风、耳类疾病（耳聋、单耳聋、耳背）、眼类疾病（白内障、青光眼）、腿脚残疾、心脑血管疾病、高血压、糖尿病，另有一名报告抑郁症，一名智力低下。该村总体新农合参保率较高，但也有医疗负担较重的被访者，如 H－Z03（女，69 岁），需要靠辛苦劳作才能补贴医疗费用。

表 5.8　中低型村调研对象基本状况

人口信息	
性别	男性 56.7%；女性 43.3%；男女比例 1.31∶1
年龄	60～69 岁 41.1%；70～79 岁 32.2%；80 岁以上 26.7%；平均年龄 73.2 岁
文化程度	文盲 43.3%；小学 44.4%；初中 7.8%；中专 2.2%；大专及以上 2.2%
宗教信仰	无 54.4%；有 45.6%
婚姻状况	未婚 1%；已婚 75.6%；丧偶 23.4%
居住状况	独居 15.6%；与配偶(伴侣)34.4%；与子女 26.7%；与配偶及子女 17.8%；与父母 1%；与非亲属 1%；与配偶、子女及父母 2%；养老机构 1%
医疗费用支付方式	新型农村合作医疗(大病保险)84.4%；贫困救助 1.1%；商业医疗保险 0；全公费 2.2%；全自费 3.3%；其他 2.2%；新农保＋其他 6.7%
经济来源	退休金(养老金)40%；子女补贴 7.8%；亲友资助 0；工作收入 16.7%；其他收入 6.7%；养老金＋子女补贴 11.1%；养老金＋工作收入 13.3%；养老金＋其他收入 2.2%；子女补贴＋工作收入 2.2%
身体能力状况	
日常生活活动	0 级 73%；1 级 24%；2 级 2%
精神状态	0 级 60%；1 级 34%；2 级 6%
感知觉与沟通	0 级 72%；1 级 17%；2 级 11%
社会参与	0 级 86%；1 级 10%；2 级 5%
总体能力等级	0 级 42.2%；1 级 56.7%；2 级 1.1%

（来源：自绘）

5.2.2　主观需求特征

对收集的老年人基本情况和能力评估数值逐项进行整理，通过函数计算得出每一位被访对象的能力等级评估结果，随后对对象的基础数据、能力量表和需求量表进行统计分析。在五级李克特量表中，“非常需要、需要、无所谓、不需要、非常不需要”分别对应数值 1～5，即需求度分值越小表明对象对该项服务的需求度越高，离散度用以衡量数据值偏离算术平均值的程度，离散度越大说明对象群体内对该项目的意见分歧越大。

(1) 中高乡村性乡村老年人主观需求特征

根据结果(图 5.3)，能力完好者(能力等级＝0)需求最大值均为 5，最小值为 1 的项目占所有需求项目数量(28)中的 25%(7)，为 2 的占 64%(18)，为 3 的占 7%(2)，有 1 项最小值为 4(上门洗澡清洁协助)。需求值低于 3 的只有一项(养老金、保险咨询)，高于 4 的有 8 项

（上门日常家务协助、上门洗澡清洁协助、上门送餐服务、上门陪护外出、设施身体清洁、设施短住、按摩理疗、上网）。离散度较大项为营养保健知识普及、日常健康保健、设施长住、小病常见病治疗、读书读报、棋牌游戏、音乐舞蹈，较小项为上门洗澡清洁协助、设施身体清洁。

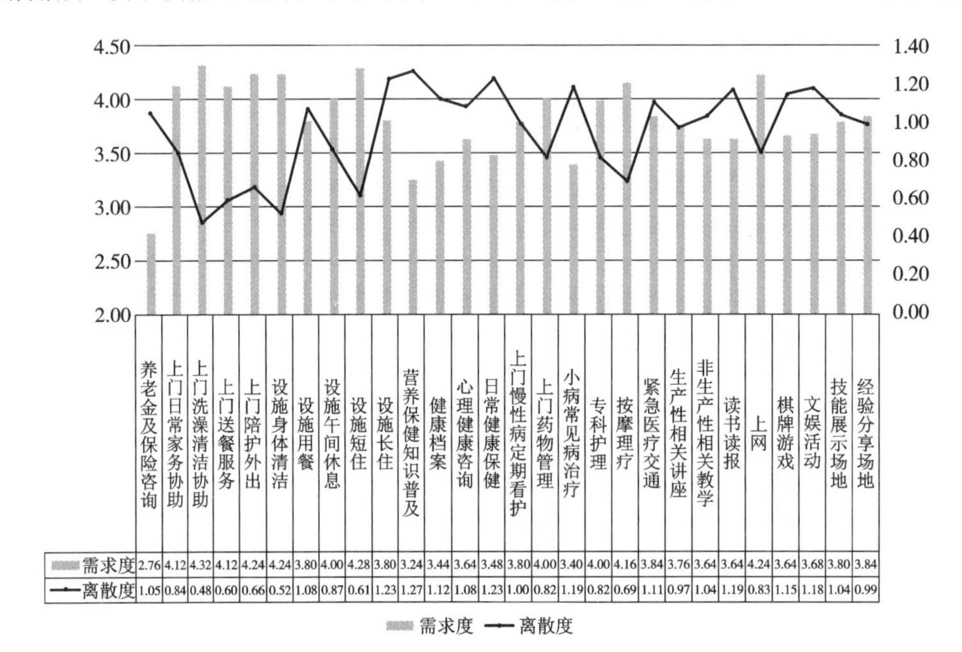

	养老金及保险咨询	上门日常家务协助	上门洗澡清洁协助	上门送餐服务	上门陪护外出	设施身体清洁	设施用餐	设施午间休息	设施短住	设施长住	营养保健知识普及	健康档案	心理健康咨询	日常健康保健	上门慢性病定期看护	上门药物管理	小病常见病治疗	专科护理	按摩理疗	紧急医疗交通	生产性相关讲座	非生产性相关教学	读书读报	上网	棋牌游戏	文娱活动	技能展示场地	经验分享场地
需求度	2.76	4.12	4.32	4.12	4.24	4.24	3.80	4.00	4.28	3.80	3.24	3.44	3.64	3.48	3.80	4.00	3.40	4.00	4.16	3.84	3.76	3.64	3.64	4.24	3.64	3.68	3.80	3.84
离散度	1.05	0.84	0.48	0.60	0.66	0.52	1.08	0.87	0.61	1.23	1.27	1.12	1.08	1.23	1.00	0.82	1.19	0.82	0.69	1.11	0.97	1.04	1.19	0.83	1.15	1.18	1.04	0.99

图 5.3　中高型乡村能力完好组老人对各项指标的需求度与离散度

（来源：根据调研数据自绘）

轻度失能（能力等级＝1）组需求的最大值均为 5，最小值为 1 的项目占 64％（18），为 2 的占 29％（8），为 3 的占 7％（2）。需求值低于 3 的也只有 1 项（养老金、保险咨询），而高于 4 的有 11 项（上门日常家务协助、上门洗澡清洁协助、上门送餐服务、上门陪护外出、设施身体清洁、设施午间休息、设施短住、设施长住、按摩理疗、读书读报、上网）。离散度较大项目为小病常见病治疗与棋牌游戏，较小的几项为设施短住、上网与设施午间休息，结合需求度值也可以得出该等级老年人对此几项需求度普遍较低（图 5.4）。

中度失能（能力等级＝2）组需求最大值均为 5，同时出现最小值大于 3 并占有较大比例的情况（需求值为 4 占 43％，需求值为 5 占 4％），需求值的均值为 3.893，总体需求度下降。需求值低于 3 的有 4 项（养老金、保险咨询，上门慢性病定期看护，小病常见病治疗，牙科、足科、听视觉专科），高于 4 的有 9 项（设施身体清洁、设施用餐、设施午间休息、设施长住、生产性相关讲座、非生产性相关教学、上网、技能展示场地、经验分享场地）（图 5.5）。

(2) 中低乡村性乡村老年人主观需求特征

能力完好者需求最大值由 4 与 5 均分，最小值为 1 的项目占所有需求项目数量（21）中的 66.7％（14），为 2 的占 23.3％（7）。需求值低于 3 的有 3 项（养老金、保险咨询，日常健康保健，文娱活动），高于 4 的只有 1 项（设施短住）。离散度较大项为棋牌游戏、文娱活动、营养保健知识普及或养生、日常健康保健；较小项为设施短住、技能展示与分享、按摩理疗。

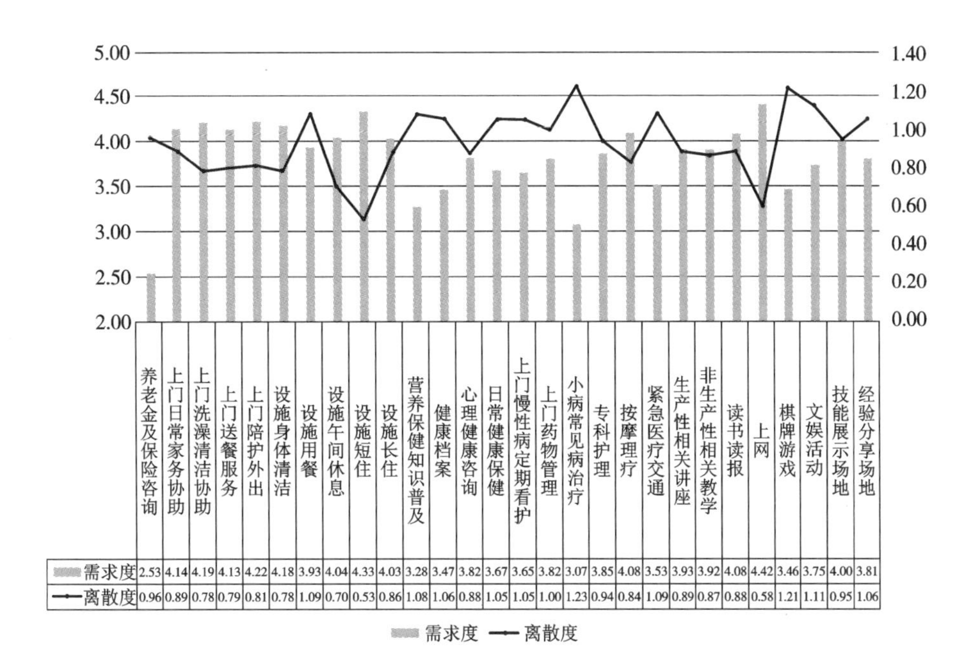

图 5.4 中高型乡村轻度失能组老人对各项指标的需求度与离散度

（来源：根据调研数据自绘）

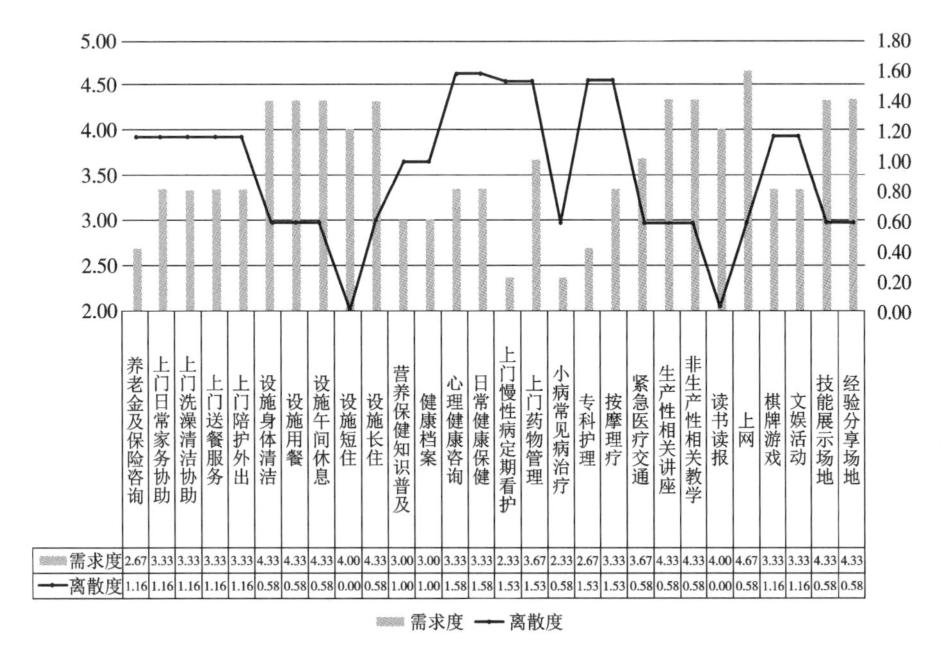

图 5.5 中高型乡村中度失能组老人对各项指标的需求度与离散度

（来源：根据调研数据自绘）

结合需求度值，可以得出该等级老年人的普遍低需求项目为设施短住、设施长住、按摩理疗及展示与分享等(图 5.6)。

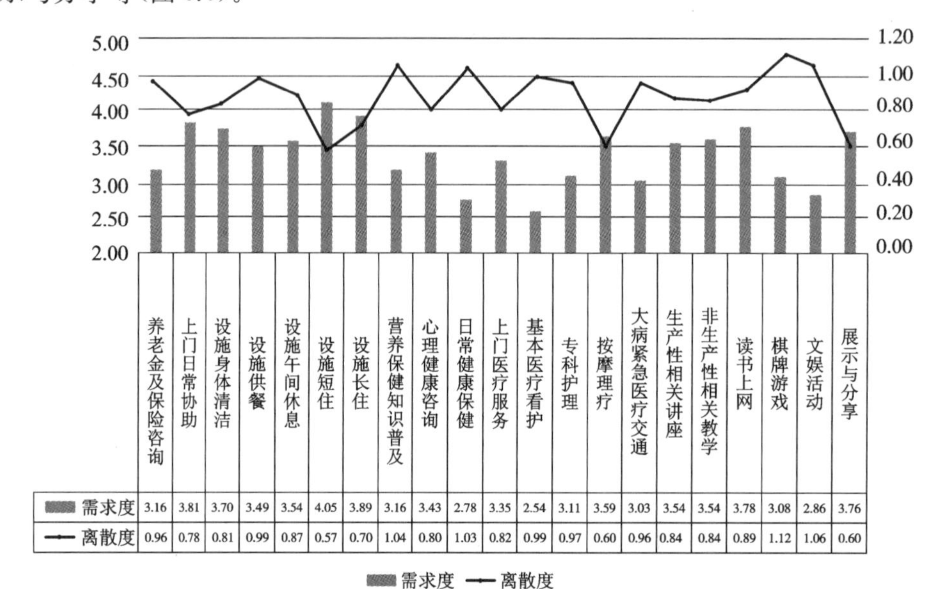

图 5.6　中低型乡村能力完好组老人对各项指标的需求度与离散度

(来源：根据调研数据自绘)

轻度失能组需求的最大值除了一项为 4(基本医疗看护)之外其余均为 5，最小值为 1 的占 81%(17)，为 2 的占 19%(4)。需求值低于 3 的有基本医疗看护、上门医疗服务、紧急医疗交通、专科护理，基本全为医疗相关需求；而没有高于 4 的项目，整体需求度较能力完好老人组上升。离散度较大项目为设施午间休息、文娱活动、上门医疗服务，较小的几项为按摩理疗、设施短住、技能展示与分享等，该组老人表现出比轻度失能组更高的离散度。结合需求度值，可以得出该等级老年人的普遍高需求(高需求低离散)项目为基本医疗看护，普遍低需求项目为设施短住、生产性讲座及展示与分享等(图 5.7)。

中度失能组需求最大值中有一项为 2(文娱活动)，余下由 4、5 值平分。需求值低于 3 的有文娱活动、基本医疗看护、上门医疗服务，高于 4 的有读书读报、展示与分享、设施短住、设施长住。结合需求度值，可以得出该等级老年人的普遍高需求项目为文娱活动，普遍低需求项目为设施短住、设施长住、读书读报(图 5.8)。

(3) 主观需求特征总结与探索

从能力等级变化角度观察老年人的主观需求变化，中高型村结果中，能力完好老人(0 组)在“老有所为”，尤其是“老有所学”方面高于非能力完好老人，而在“老有所养”方面与轻度失能老人(1 组)基本重叠，中度失能老人(2 组)在“老有所养”“老有所医”“老有所乐”上均显著高于其他两组，而在“老有所为”“老有所学”方面的需求则显著偏低。由此可见，随着身心客观状况的变化，老年人对医疗的需求程度逐渐升高，尊严实现与学习的需求度降低，而日常照护的需求变化需要一个身心状况变化更高的临界点，这可能受到乡村老人普遍的传统意识影响；此外值得注意的是，娱乐需求并不因为老年人身心状况的恶化而降低，反而

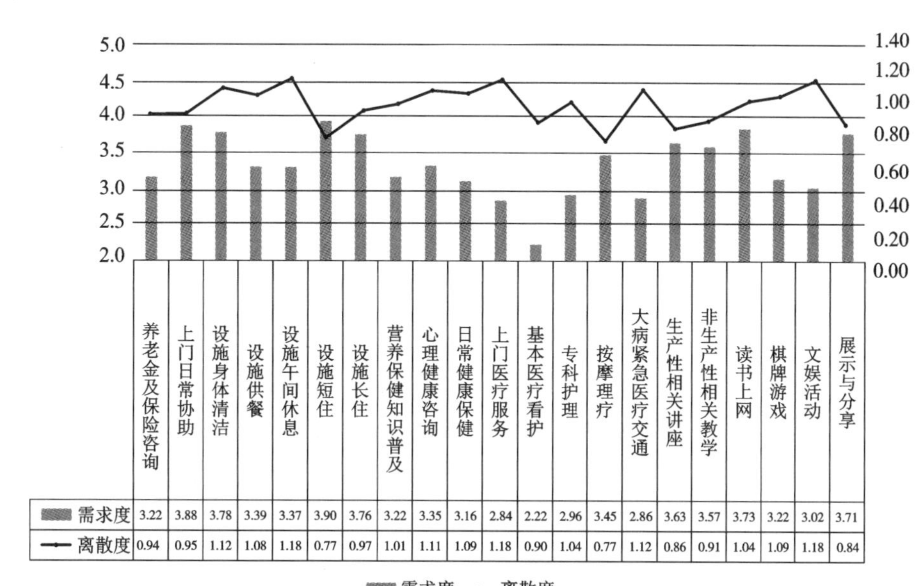

图 5.7 中低型乡村轻度失能组老人对各项指标的需求度与离散度

(来源:根据调研数据自绘)

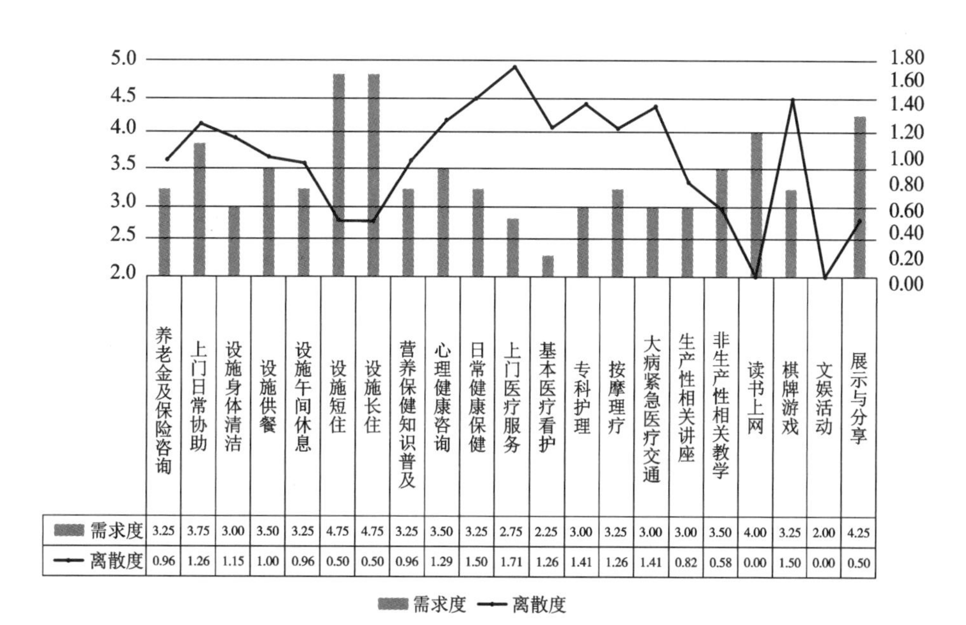

图 5.8 中低型乡村中度失能组老人对各项指标的需求度与离散度

(来源:根据调研数据自绘)

有所升高(图 5.9)。在二级项目中,经济(保险)保障的需求无论对于何种阶段的老人而言都处在相当重要的地位。能力完好与轻度失能老人对上门日常协助、设施日常协助和设施居住都表现出较低需求,中度失能老人在设施服务方面需求更低,但对上门日常协助、上门医疗护理及设施医疗护理、日常健康管理方面的需求则显著升高(图 5.10)。

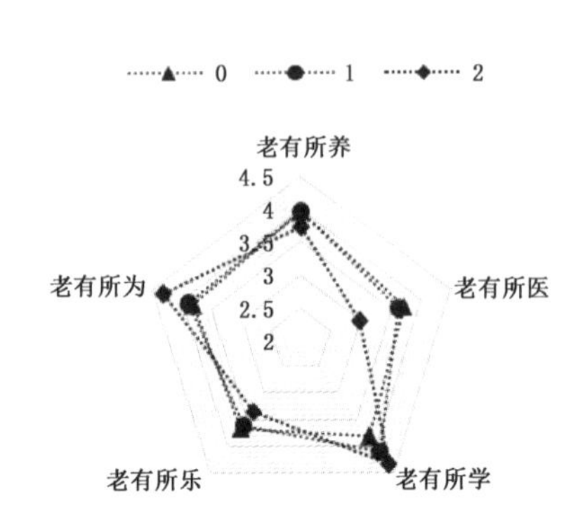

图 5.9 中高型乡村老年人能力等级与一级需求项目对应关系特征

(来源:根据调研数据自绘)

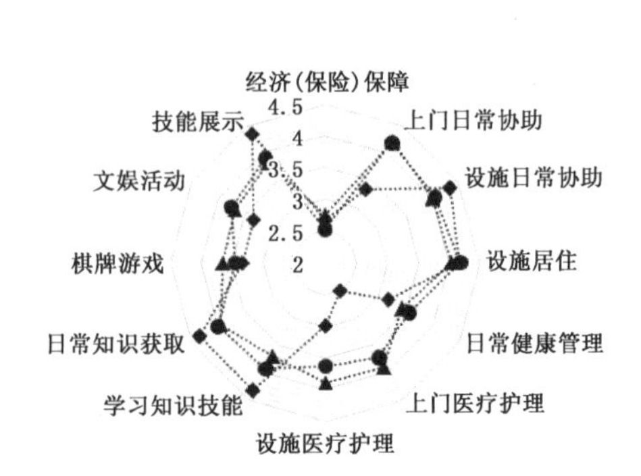

图 5.10 中高型乡村老年人能力等级与二级需求项目对应关系特征

(来源:根据调研数据自绘)

而在中低型村落的结果中,中度失能老人在一级项目的"老有所医""老有所乐"两方面的需求明显高于其他两组,而在"老有所养"方面则略低。在"学""为"上三组基本重合且保持在较低需求的水准。中低型村与中高型村数据结果共同反映出老年人对医疗的需求程度随着身心客观状况的变化而逐渐升高的特点,但娱乐需求却并非是完全相反趋势(图 5.11)。

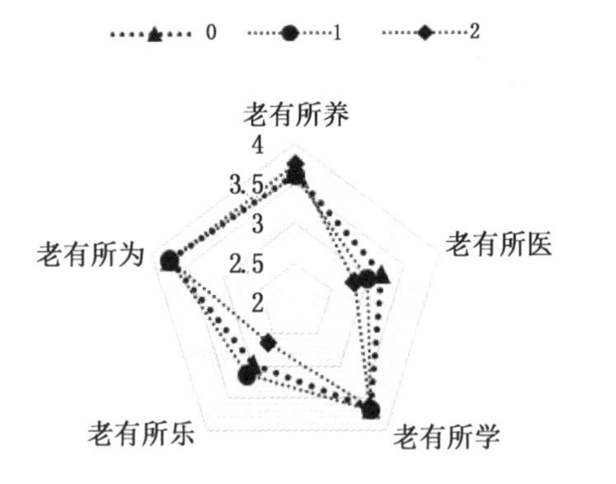

图 5.11 中低型乡村老年人能力等级与一级需求项目对应关系特征

(来源:根据调研数据自绘)

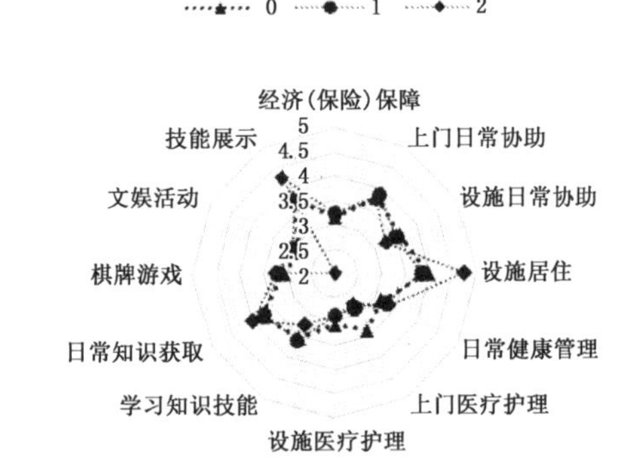

图 5.12 中低型乡村老年人能力等级与二级需求项目对应关系特征

(来源:根据调研数据自绘)

在二级项目中,可以发现较中高型村而言,中低型村呈现出三组数据线明显向中心聚拢且重合度较低的情况。其中,对经济(保险)保障的需求是三组重合度最高的点,但需求度比中高型村小。较大差异发生在"2 组"的文娱活动、设施居住、技能展示等几个方面,即中度失能老人具有非常低的设施居住需求,较低的技能展示和日常知识获取需求,非常高的文娱活动需求,以及相对较高的上门日常协助、设施日常协助、上门医疗护理和学习知识技能需求。能力完好老人和轻度失能老人的差异项在于,轻度失能老人具有较高的上门医疗护理、设施医疗护理、设施日常协助,以及设施居住需求,日常健康管理、文娱活动、棋牌游戏方面的需求则略低(图 5.12)。

此外，结合访谈，还可以从总体上总结出需求的几个特征：

① 对经济支出较为敏感，对购买服务接受度低。乡村老人普遍有对老年保障或养老金援助方面的迫切需求，尤其在访谈时经常出现"要花钱吗""哪有那个钱"以及"不需要钱的服务都是欢迎的"之类的回答，表现出强烈的对经济来源的担忧和支出的谨慎。D-Q02（男，69岁）觉得提供的服务如果是无偿的那就需要，不是无偿的话自己没有条件承担；D-W11（男，1946）提出有公共食堂是好，但自己只能接受低花费的餐食；D-J06（男，64岁）明确表示对上门服务的不信任；而D-L10（男，70岁）由于和患有中风、大小便需要协助的老伴互相照顾，对于上门服务表示很支持，但依然担心花费、隐私等问题。

② 医疗服务以及医疗保障的重要性。一般来说，患病是失能过程的起点，患病数量与失能发生具有相关关系（Manton，1989；Crimmins、Saito，1993）。老年人是慢性病的高发人群，而慢性病的严重并发性、终身性等特点都会使患病者生命质量大大降低，并为个人和外部带来沉重的照料看护负担。虽然新型农村合作医疗保险构成该村老年人主要医疗费用支付来源，并且参保趋势不断上升，但疾病导致的自立性丧失和医疗负担依然是乡村老年人生活质量保持与提升的巨大障碍。

③ 对服务的需求和可以获得的非正式需求互补。D-Y11（男，63岁）表示因为家里有妻子打理一切，自己不干家务，也觉得不需要其他额外的服务。H-W03（女，74岁）称儿子特别孝顺，不管有什么需要的儿子都会买来，所以在后面的需求调查中表示什么都不需要，有儿子就够了。

5.2.3 日常生活规律

（1）中高型乡村老年人日常生活规律

将调查对象能力等级分级后，将通过访谈式问卷法获得的对象一日24小时活动情况制成行为与时间对应图（图5.13），该图反映了老年人基于不同能力等级，在各个时间点所发生的行为，其中横轴数值代表了该时间点发生某一特定行为的人数占该能力等级总人数的比例。

睡眠情况（S）。调研对象起床时间段（S-U）为4：00～8：00，在5：00～6：00起床的老人占全体的八成；入睡时间段（S-N）从19：00～23：00，在20：00～21：00睡眠的同样占全体的八成，全体平均夜晚睡眠时长为8.875小时，在组间相差不大。通过均值比较发现，随着失能程度的提高，起床时间与睡眠时间逐渐整体提前。此外，有64%的调查对象没有午休习惯。

进食情况（M）。调查对象的早餐时间（M-B）分布较为零散，各时间点占比较平均，且进食时间变化同样有随失能程度提高逐渐提前的趋势。午餐（M-L）、晚餐（M-D）时间则分别有超过80%的比例落在11：00～12：00和17：00～18：00，并在能力等级组别间没有明显变化特征。

劳作情况（WD）。被调研对象中，有54%仍在进行劳动，每日平均工作时长7.28小时，工作参与度和工作时长都随着老人失能程度的升高而逐渐降低。男、女性老人工作比例和每日平均工作时长分别为68.6%、7.43小时和35%、6.88小时，在数值上相差不大，由此可见，乡村老年人的一个重要特征就是高劳动参与率。

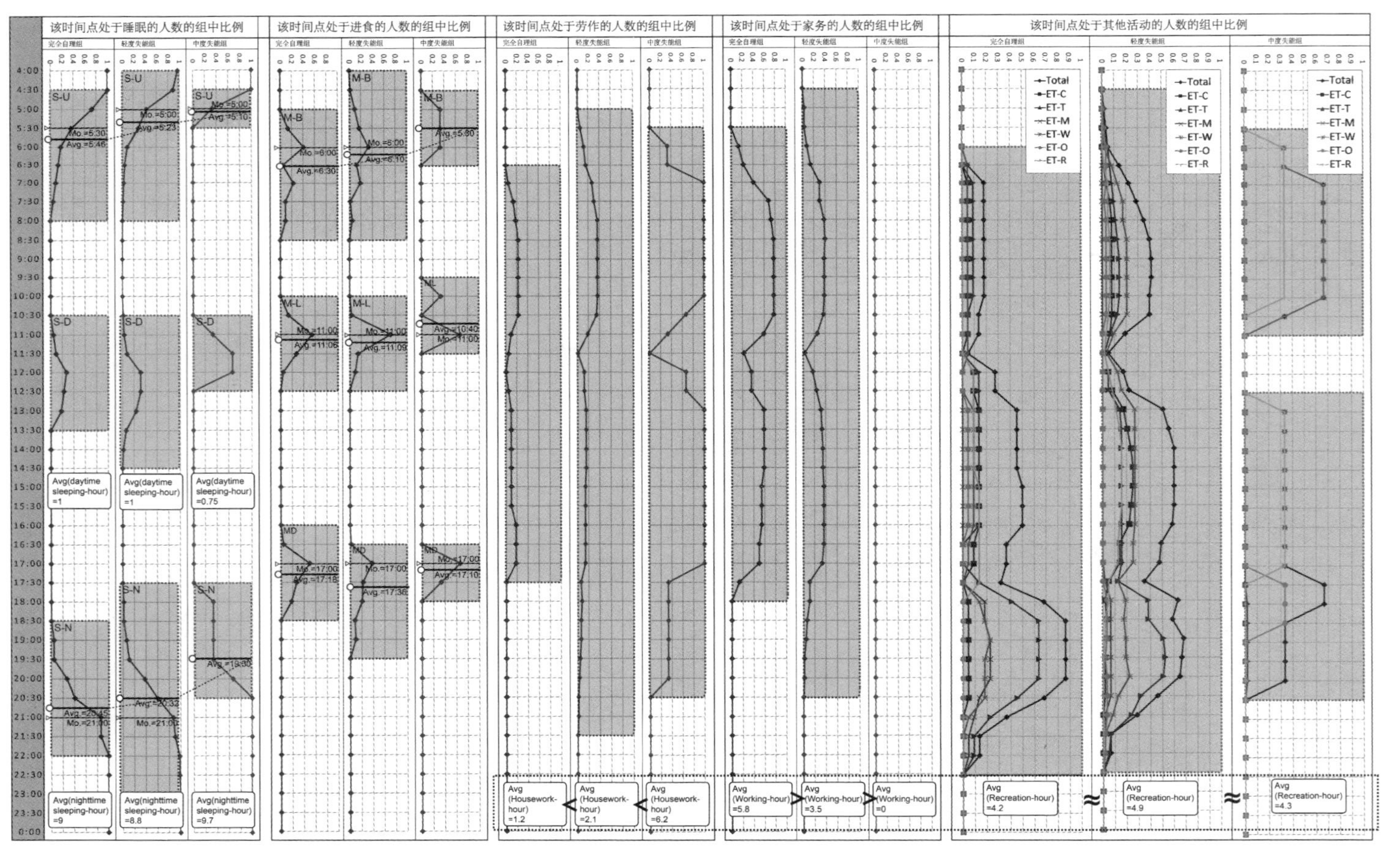

图 5.13 中高型乡村老年人行为与时间对应图表 A－t

（来源：自绘）

家务情况(WH)。被调研对象中有43%每日进行家务劳动。家务时长及所占一日时间比例随着失能程度上升逐渐升高。此外，女性家务比例67%，平均家务时长3.78小时(全体)，男性则为25%和0.76小时。与老伴共同居住者家务平均时长1.85小时，与子女居住2.46小时，与老伴及子女共同居住2.58小时，与亲戚居住的家务时长为0，但样本较少，不具参考意义。

其他活动情况(ET)。其他活动的时长不随身体状况变化而变化，均值维持在4小时段。经过考察，娱乐项目选择在不同能力等级、不同性别间呈现不同特征。与能力完好老人相比，轻度失能老人选择散步、串门的比例较大，而看电视和歌舞乐器的比例则相对较小；中度失能老人的娱乐活动基本以看电视、聊天和在家休息为主。男性老人偏好看电视、棋牌和散步；女性老人则偏好看电视、串门聊天，在歌舞乐器、文化宗教活动方面的选择比例比男性高。总体而言，乡村老年人在闲暇活动方面倾向于花费低、不需专门场地的娱乐活动项目。劳作活动有超过半数的参与率，且时长较长，男女劳动时长数值相差不大；家务劳动参与率与性别和居住情况有关；娱乐活动集中在看电视、散步闲聊、棋牌等所需硬件设施不高且没有经济花费的活动上，具体休闲方式的选择在性别间有一定差异。根据能力分级后的情况看，起床时间与入睡时间随失能程度提高有逐渐提前的趋势，早餐时间点也随之变化，与此同时，午餐晚餐则没有组间的差异。工作参与度和工作时长都随着老人失能程度的升高而逐渐降低；然而，家务时长及所占一日时间比例随着失能程度上升而逐渐升高；休闲娱乐时长则不随身体状况变化而变化，但是娱乐项目上有一定差异。

在活动地点上(图5.14)，常规行为发生场所只有老年活动室(P2)和入口广场(P3)。根

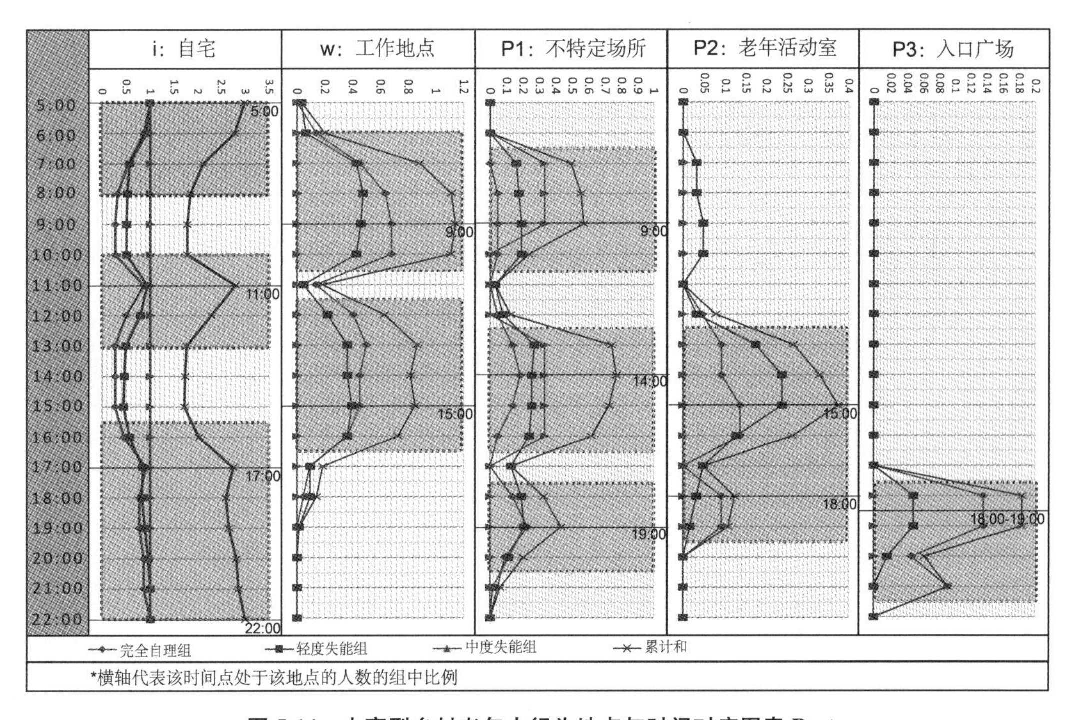

图5.14 中高型乡村老年人行为地点与时间对应图表 P-t

(来源：自绘)

据分级后调查对象所陈述的一日行为发生场所情况(P)制成活动地点与时间对应图表。P－t图反映了该村老年人基于不同能力等级的村内公共空间使用时间特征，数值代表了该时间点出现在某一特定地点的人数占该能力等级总人数的比例。通过观察可以发现，i 线与 w 线基本吻合 A－t 图的行为结果，P2 在下午与傍晚时段出现两个峰值点，P3 在 19:00 出现峰值点，P1 在早、中、晚都出现了峰值点。

同时，为了更好地比较不同能力等级老人的活动地点特征，又分别对三个等级老人的活动空间变化轨迹进行整理(图 5.15)。可以看到，能力完好老人上午活动空间基本分布在田地、自宅、工厂及少量的村内公共空间，到了下午闲逛人群比例增加，晚饭(17:00)前 5 小时和饭后 2 小时棋牌室出现使用者，到了 18:00 后，村口广场和文化礼堂分别被用于广场舞和乐器排练。轻度失能老人总体劳作用时及比例较能力完好老人小，在上午村内闲逛和棋牌活动就已经出现，且由 7:00 一直持续到 19:00 前后。相对来说，该组老人白天活动更为丰富，而在夜晚的室外活动类型和占比则显著减少。中度失能老人的活动一般发生在自宅，仅有约三成的调查对象会在白天进行村内的散步活动。一般认为随着失能程度提高老年人的各项娱乐活动会减少，但实际上轻度失能老人恰好位于"不需要劳作"和"还可以活动"的状态，反而在白天的场所移动中更为活跃。

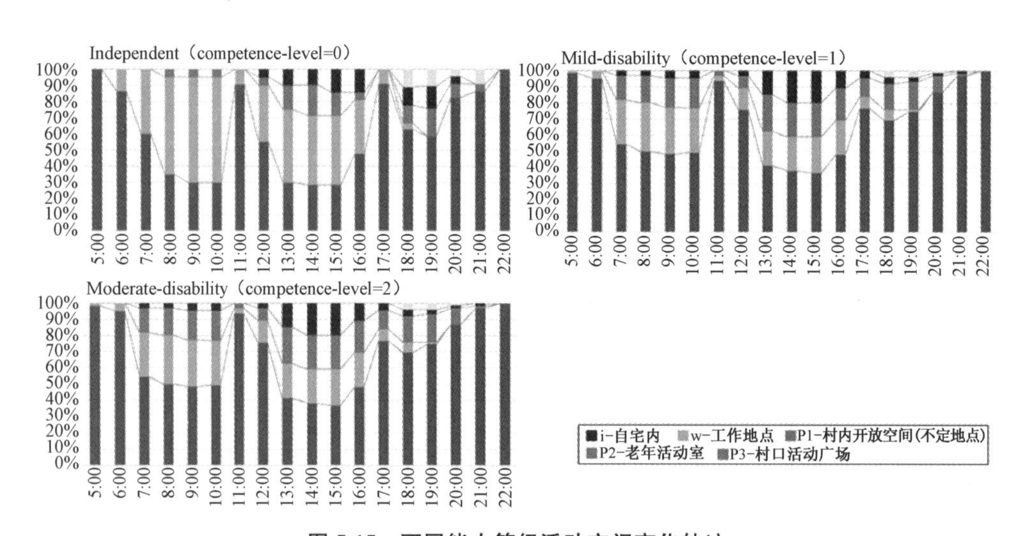

图 5.15 不同能力等级活动空间变化轨迹

(来源:自绘)

(2) 中低型乡村老年人日常生活规律

同样通过访谈式问卷法获得中低型乡村老年人一日 24 小时活动情况，制成行为与时间对应图表(图 5.16)。

睡眠情况(S)。调研对象起床时间段(S－U)为 4:00～8:30，众数为 5:00；入睡时间段(S－N)为 17:00～23:30，众数为 21:00，全体平均夜晚睡眠时长为 9.25 小时，平均白天睡眠时长为 0.46 小时，两者都随能力等级降低而变长，并且起床时间逐渐整体延后，而入睡时间则具有波动性。

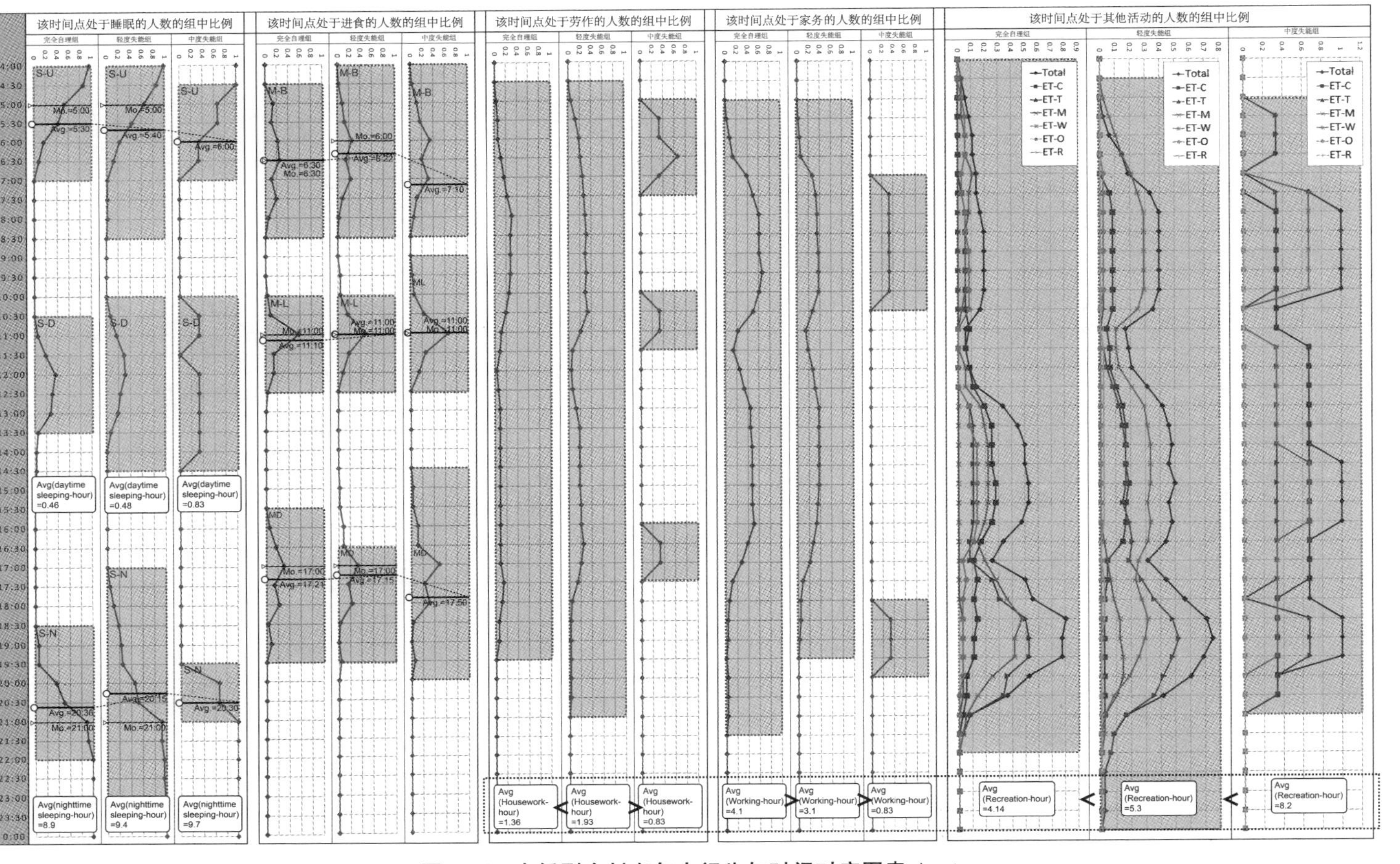

图 5.16 中低型乡村老年人行为与时间对应图表 A - t

（来源：自绘）

进食情况(M)。调查对象的早餐时间(M－B)分布较为零散,各时间点占比较平均,逾六成老人在5:00～6:00进餐。午餐(M－L)、晚餐(M－D)时间的众数为11:00与17:00,在能力等级组别间没有明显变化特征。该村出现两例一日两餐情况。

劳作情况(WD)。被调研对象中,有59%仍在进行劳动,进行劳动的老人每日平均工作时长5.6小时,能力等级0、1、2老人的每日平均工作时长分别为4.1、3.1、0.83小时,工作参与度和工作时长都随着老人失能程度的升高而逐渐降低。男、女性老人每日平均工作时长为5.01小时和5.42小时,在数值上相差不大。

家务情况(WH)。被调研对象中有37%每日进行家务活动,进行家务老人的每日平均家务时长为4.2小时,能力等级0、1、2老人的每日平均家务时长分别为1.36、1.93、0.83小时。此外,女性家务比例53%,每日平均家务时长2.35小时,男性则为0.96小时。

其他活动情况(ET)。其他活动时长随失能程度升高而升高,能力等级0、1、2老人的每日平均娱乐时长分别为4.1、5.3、8.2小时,男性每日平均娱乐活动时长为5.61小时,女性为4.34小时。调研发现娱乐项目选择在不同能力等级、不同性别间呈现的特征都非常相似,看电视、闲逛无论在哪一种能力等级或是性别中都是占比最高的两项娱乐活动,其次为棋牌,在轻度失能老人中比在能力完好老人中占比稍小,在男性老人中比在女性老人中占比稍小,与之相对的是舞蹈、乐器,轻度比完好、女性比男性选择得更多。文化、宗教活动类随着失能程度提高而降低,但在男女间占比几乎一致。

常规性行为发生场所为MRA小卖部(P2)、MRA广场(P3),以及RA1空地(P4)。根据分级后调查对象所陈述的一日行为发生场所情况(P)制成活动地点与时间对应图表(图5.17)。

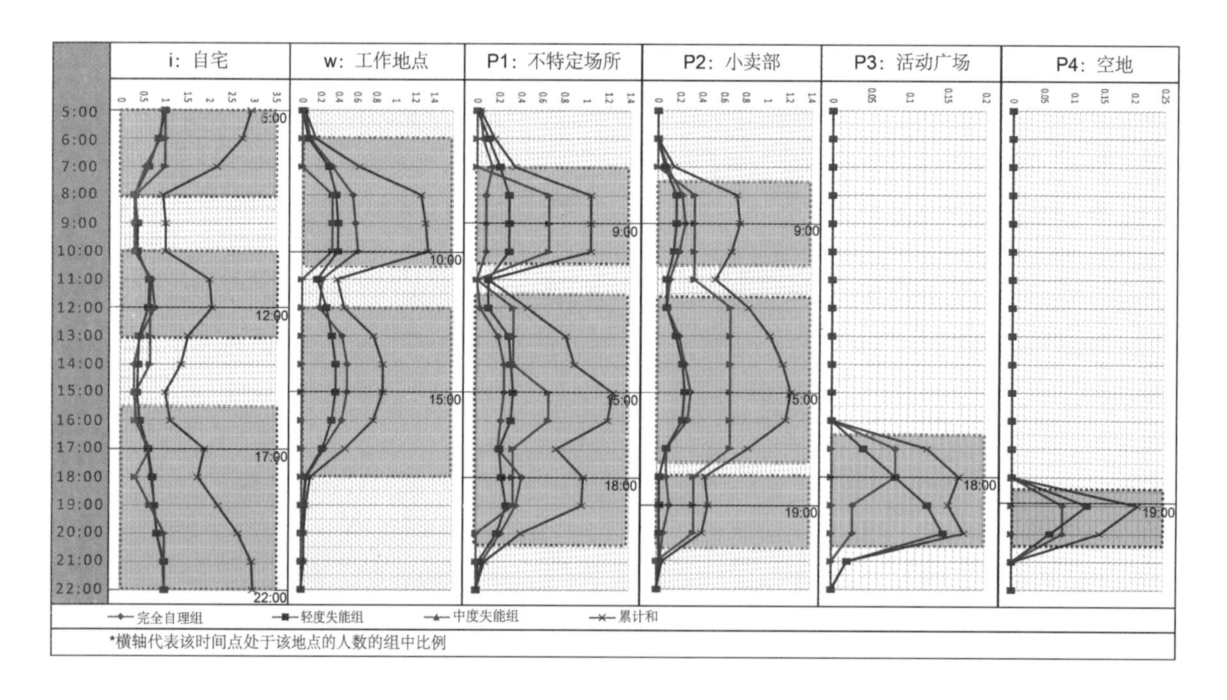

图5.17 中低型乡村老年人行为地点与时间对应图表P－t

(来源:自绘)

在中低型村老年人活动空间变化轨迹(图 5.18)中可以观察到能力完好老人相比轻度失能老人具有更高的 P2 分布占比,且向夜晚延伸时间较长;轻度失能组在 P1 早间显著高于完好组,而夜晚则较低;此外轻度组在户外活动的占比总体也少于完好组。轻度失能老人总体劳作用时及比例较能力完好老人小;相对来说,该组老人白天活动更为丰富,而在夜晚的室外活动类型和占比则显著减少。

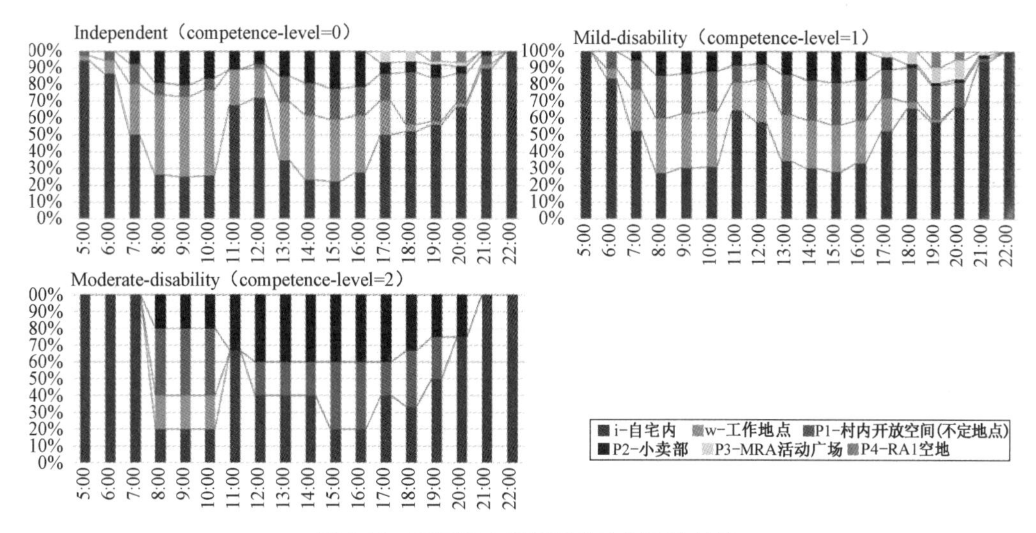

图 5.18 不同能力等级活动空间变化轨迹

(来源:自绘)

(3) 日常生活规律总结与探索

根据结果,两种类型乡村在基础活动即睡眠与进食方面的时间分布在众数上几乎完全一致:起床、入睡时间点的众数均为 5:00 与 21:00,早、午、晚三餐众数均为 6:00、11:00、17:00。此外,白天睡眠比例均为 36%。将乡村老年人的常规性活动氛围基础性活动(包括睡眠与进食),以及内容性活动(劳作、家务、休闲娱乐)根据调研数据进行总结与对比(表 5.10),从时段上看,中低型乡村的早、晚睡眠状态改变、三餐进行时段都比中高型乡村长,而白天与夜晚的睡眠时长也都比中高型乡村长。这两种基础活动在两类村庄表现出相异的随失能程度变化而变化的规律。在劳作方面,两类村庄都表现出劳作比例与平均时长随失能程度提高而减少的趋势,而其中中高型乡村的劳作比例较低而强度较高,且表现出强烈的男性主导的特征,中低型乡村则相反,女性表现出较高劳作参与度与强度。在家务方面,两类村庄的家务比例都随失能程度提高而提升,然而只有中高型乡村在家务时长上呈现出与失能程度提高的正比趋势,两者的女性参与率和强度都高于男性,而中高型乡村的表现要更加明显。在娱乐方面,男性的娱乐时长普遍高于女性,中低型乡村高于中高型乡村,但是与失能程度相关的变化趋势在两类村庄之间则不同,而其中可以明确的是娱乐活动对于失能程度高的老人同样重要。并非所有编码的活动都出现在调查结果中,由于本部分属于回想自述式调查,一些活动由于并非惯常性的(即并非每天发生,如医疗活动)或碎片化的(行为过于琐碎,如商业活动和交流活动等),导致被调查者无法想起或难以记录。

表 5.9 两种类型乡村老年人生活规律总结与对比

		中高型乡村		中低型乡村	
睡眠 S	起床时段/众数	4:00～8:00	5:00	4:00～8:30	5:00
		* 随失能程度提高而提前		* 随失能程度提高而延后	
	睡眠时段/众数	19:00～23:00	21:00	17:00～23:30	21:00
		* 随失能程度提高而提前		* 与失能程度无相关趋势,波动	
	夜晚睡眠时长	8.875 h		9.25 h	
		* 与失能程度无相关趋势,集中		* 随失能程度提高而变长	
	白天睡眠比例/时长	36%	0.35 h	36%	0.46 h
		* 与失能程度无相关趋势,波动		* 随失能程度提高而变长	
进食 M	早餐时段/众数	4:30～8:00	6:00	4:30～9:30	6:00
		* 随失能程度提高而提前		* 与失能程度无相关趋势,波动	
	午餐时段/众数	10:00～12:00	11:00	9:30～12:30	11:00
		* 与失能程度无相关趋势,集中		* 与失能程度无相关趋势,集中	
	晚餐时段/众数	16:30～19:00	17:00	15:00～19:30	17:00
		* 与失能程度无相关趋势,波动		* 与失能程度无相关趋势,波动	
劳作 WD	劳作比例	54%		59%	
		* 随失能程度提高而减少 * 男性比例高(约 2 倍)		* 随失能程度提高而减少 * 男女相似,女性比例稍高	
	平均劳作时长(总样本均数/参与劳作者均数)	3.97 h	7.28 h	3.2 h	5.6 h
		* 随失能程度提高而减少 * 男女相似,男性稍长		* 随失能程度提高而减少 * 男女相似,女性稍长	
家务 WH	家务比例	43%		37%	
		* 随失能程度提高而提升 * 女性比例高(约 3 倍)		* 随失能程度提高而提升 * 女性比例高(约 2 倍)	
	平均家务时长(总样本均数/参与劳作者均数)	2.03 h	4.7 h	1.56 h	4.2 h
		* 随失能程度提高而变长 * 女性时间长(约 5 倍)		* 与失能程度无相关趋势,波动 * 女性时间长(约 2.5 倍)	
娱乐 ET	平均娱乐时长	4.69 h		5.01 h	
		* 与失能程度无相关趋势,集中 * 男性稍高于女性		* 随失能程度提高而变长 * 男性高于女性	

(来源:自绘)

5.2.4　人群与需求指导下的服务内容模块

（1）服务内容的分化与整合

根据假设，乡村老年人的需求从乡村发展程度的不同，以及老年人所处的衰老阶段的不同两个维度具有一定规律的变化特征。一级主观需求中，医疗与娱乐服务需求呈现相似的随失能程度提高而提高的特征，教育与尊严服务随失能程度提高而降低，而养老服务需求则差异较小。二级主观需求中，经济保障，上门日常协助、设施日常协助、知识技能获取、技能展示等项目大体呈现需求随失能程度提高而降低的状况，上门医疗护理、设施医疗护理等几项随失能程度提高而提高，棋牌、文娱活动则不受影响。同时，乡村发展水平高低也导致主观需求的差异，虽然中高型村落的老人在日常生活、精神状态、感知觉与沟通、社会参与四个方面能力完好比例都要小于中低型村，但中高型村落对于经济上的需求远超其他实质老年服务需求，相比之下中低型村老年人则可能由于经济优势与观念等，对养老服务有一定认识和接受度（图 5.19、图 5.20）。根据结果，在服务内容和对象人群两个向度上进行了整合

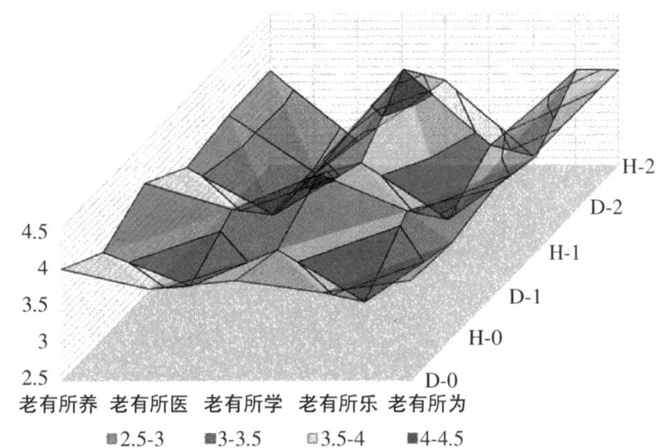

图 5.19　一级主观需求在乡村发展水平—老年自理能力等级两个维度上的变化

（来源：根据调研数据自绘）

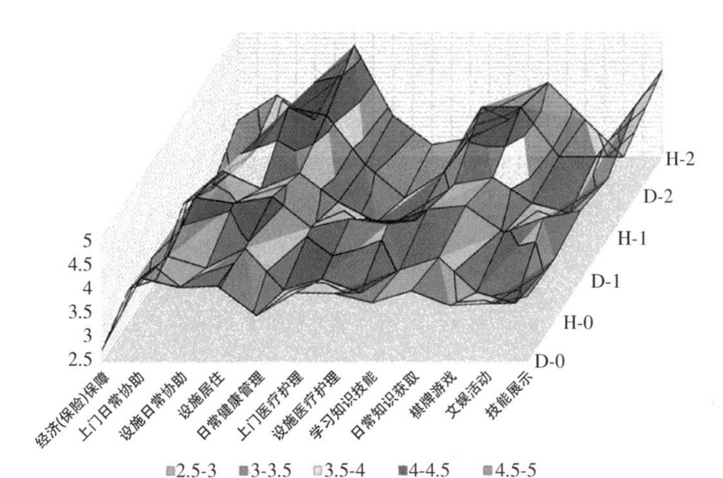

图 5.20　二级主观需求在乡村发展水平—老年自理能力等级两个维度上的变化

（来源：根据调研数据自绘）

(图 5.21、图 5.22),为结合村庄基层管理形式构建服务组织模型提供基本思路。首先是相似服务内容上的整合。在中高型村落模型中,老年人需求模块可以整合为"医疗"、以上门服务模块为主的"照护",以及包含经济、娱乐、尊严实现、教育模块的"扩展"三个基本部分;而中低型村落在以上分类的基础上,"照护"中增加设施服务模块,并增加设施"居住"服务模块。其次是相似需求人群的整合。根据需求异同整合为两个基本类型:包含能力完好与轻度失能的"活跃型"老人,重视提供"扩展"中教育服务与尊严实现,以及"居住"中的设施居住服务;中度失能以及重度失能老人构成的"保护型"老人,核心为提供充足的"医疗"服务以维持一定健康水平,辅以日常"照护"和适合的娱乐活动。

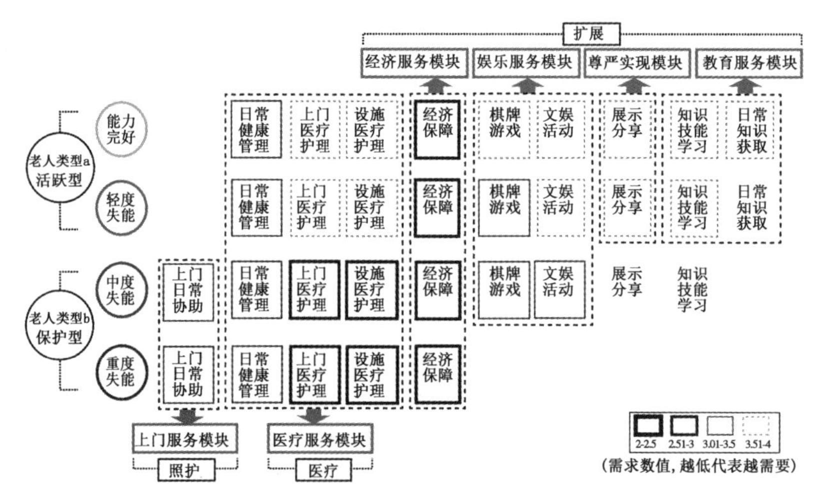

图 5.21 中高型乡村老年人细分类型与需求模块整合

(来源:自绘)

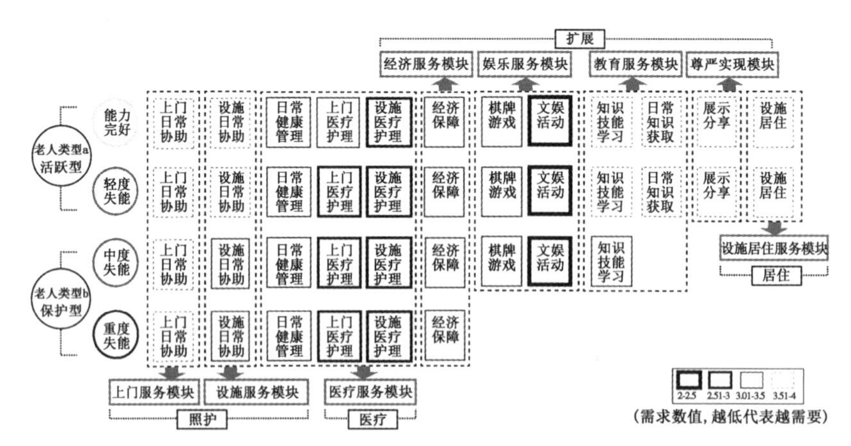

图 5.22 中低型乡村老年人细分类型与需求模块整合

(来源:自绘)

必须说明的是,这种通过问卷进行使用者需求调查,以其结果进行服务提供的判断、调整服务供给的方式,是在顺应假设的基础上,仅满足使用者"主观想法"的设计路径。因此,在后续的研究中，应当对假设，即现有身体能力与服务提供项目的对应方式，进行进一步探索并且思考两者与主观需求之间的确切联系；二是进一步取舍服务提供究竟应当满足使用者的当前需求，还是提供更多的需求选项，如从统计结果来看，主观需求与个人能力等级的相关性并不显著，这体现出一些老年人或许并不能完全认识自身健康水平所应当对应的帮助，这与不知道认知症这一病症存在的人自然不会认为自己需要认知症的预防服务相似，无法排除由于认识局限性而不能意识到自身真正需求的情况；三是思考无法支付的需求是否能看作真正的需求，即虽然使用者认为自己需要，但却无法承担满足需求应当负担的成本。这些问题都对提供者提出了更多要求，因此需要谨慎使用主观需求结果。

(2) 服务提供的分时与针对

由于既往研究一般止于对“实际状况”的了解，“有可能”对未来的设计提供参考，而并非立即得以指导具体空间设计策略或改进措施，因此在缺少参考的情况下，本部分尝试提出基于日常生活规律的服务提供流程的目标设想，主要包括几个方面：①根据基本生活时间的分时管理和服务提供流程。针对不同身体能力等级、不同的睡眠时间，考虑采用分时管理方法，制订不同的照护服务供给流程，优化服务人员的工作时间配置。同时在设计上合理安排功能空间，避免因生活时间不同而造成的相互影响。②针对不同能力等级或不同性别，专注提供不同的娱乐项目服务和相对应的设施空间，增加不同群体间的活动交流。③根据家务劳动状况、内容和要求，针对性地提供集中式或上门式的服务，以释放乡村女性老人的家务劳动负担。

5.3 基于使用方式的空间取向探索

5.3.1 公共设施内的行为特征

(1) “全时段”型与“分时段”型设施

根据被调查乡村内公共设施在 1 小时内停留超过 30 分钟的老年人和非老年人的数量以及其行为类型记录，得以分析老年人对于乡村公共服务设施的基本使用模式。总体而言，市场和运动广场的整体使用率较低，这种村内小型市场一般由于附近城镇大型超市崛起而式微。除去使用率较低的设施，按照老年人对设施的使用模式可将其他设施大致分为两类：一是在日间老年使用者数量较为平均分布的“全时段”型设施，这种设施以当地小卖部为主，它们不仅是商业设施，更应当被视为人居片区内的交际网络枢纽；二是表现老年人不同日常活动时间偏好的“分时段”型设施，如文化礼堂、卫生室和活动广场等。两类设施中的活动类型也有所区分，交换和休闲等“随机”活动多发生于“全时段”型设施中，而“分时段”型设施中的活动更具有目的性，如医疗、商业和娱乐。此外，H 村新建的居家养老服务中心由于没有观察到使用者而缺少记录。可以发现，目前乡村老年设施不一定是老年人的主要活动场所，在实地调研的二十余个村落中，已建成的老年设施的使用率也低于预期。

(2) 设施行为平面与空间解读

为了进一步了解老年人如何使用某些设施或公共空间，使用行为平面方法挑选了使用率较高的时间截面对老年人在设施内的行为进行进一步记录和分析(图 5.23)。

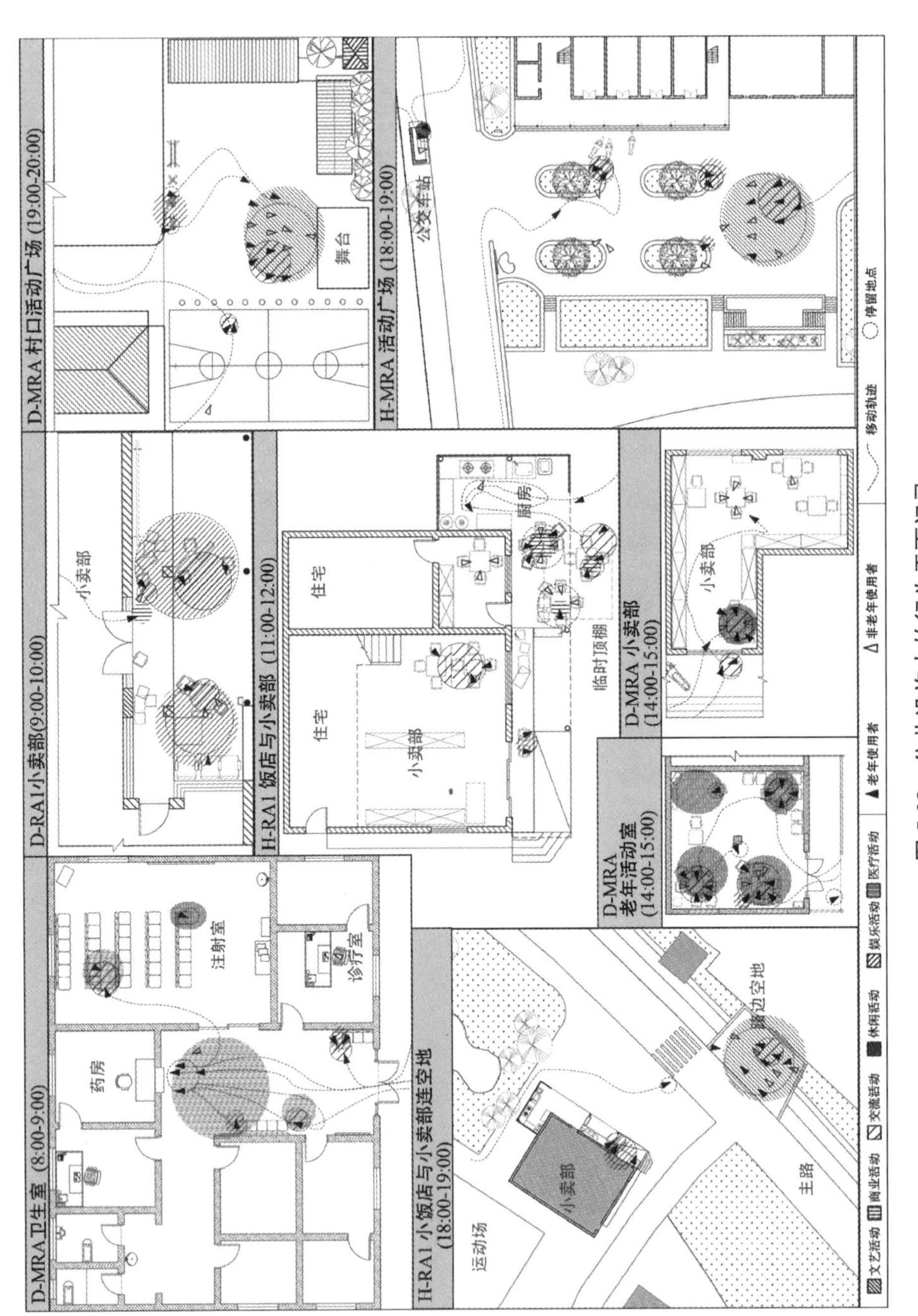

图 5.23 公共设施内的行为平面记录

（来源：根据调查情况绘制）

当地小卖部一般由村民利用自己房屋的一部分开设，并且几乎都通过小卖部入口上方的临时顶篷和由不同材料制成的垂直界面形成了半开放空间。D-RA1 小卖部入口设置有金属顶棚，左侧通过矮水泥墙限定边界，小卖部的商业功能让位于老年人日间休憩与交流的功能。而 H-RA1 的小卖部与小饭店一起开设，同样在正面通过塑料顶棚和竹席设置了灰空间，容纳了厨房、洗手池、储物、停车等多种功能，午饭时间还会另支顶棚以容纳更多的食客。厨房竹帘和左侧的长方形水池为小饭店入口处设定了一个有安全感的半围合空间，而右临绿地公园、前直接面对主马路的地理位置又使其具有变化性的景观，再加上小饭店和小卖部提供热水等的便利，即使是非饭点老年村民也聚集在此闲聊休憩。同时，小卖部对面空地成为该自然村广场舞活动场所，小卖部恰好成为广场舞的“观众席”，而小卖部背面的运动场则相对冷清。H-MRA 小卖部则位于新建公共服务中心一层，老板自行购置桌椅设施，在作为商业功能的同时也提供棋牌娱乐，老年人在下午时段经常聚集打牌、看牌、闲聊。该小卖部不远处即为新建的老年活动设施，但人们依然聚集在此活动。观其原因，一是主观上老年人对活动场所的选择具有一定惯性，更愿意在熟悉的地点（小卖部）和人事环境（小卖部老板等）中延续日常行为；二是在位置上，小卖部更靠近活动广场入口，且有可以遮雨的连廊以停放电瓶车，这对于老年人来说都是具有停留、经过易便性的要素。在内部的使用上，老年人一般聚集在较靠门的桌位，打牌者、看牌者与经过的闲逛者形成了良好的交流互动。

D-MRA 入口广场位于村委会办公室旁边，面积约 2 268 m^2，包含篮球场、停车场、绿地公园、健身器材、农业旅游设施（已停用）和水泥舞台，晚上成为广场舞场地，聚集村内各处前来跳广场舞的老年人，周边也可闲逛、聊天、观看和健身。H-MRA 入口广场夜晚也成为广场舞和散步的场所。观察到老年人在广场中闲坐的位置并非以广场主要活动广场舞为中心，而是与不同内容的景观点有很大关系，除了一部分面向广场舞人群的老年人外，一部分面向广场入口两个花坛之间的道路以观看进入广场的人群和在花坛间玩耍的儿童，一部分在广场对面的公交车站亭内以观看马路上来往的车辆和行人，由此形成了多种类型的“观看者”，而广场上多向的座椅也为这种多类型的观察提供了便利。

D-MRA 卫生室是一栋面积约 203.7 m^2 的单层建筑，位于中心村，可观察到取药老人、接受诊疗和治疗（主要是输液）老人、非取药也非治疗的闲逛老人，卫生室的门厅和输液室成为一个闲聊与交往的场所。D-MRA 老年活动室则是一个面积为 70 m^2 的单间，位于中心村入口附近，内设有电视与桌椅。从幼儿园接送小孩或在附近田地结束劳作后，老人通常会顺道去打牌。

为了进一步了解公共设施的物理环境特征如何影响使用和行为模式，调研人员运用统计方法通过定义环境与行为变量来探索可能的关联。在环境属性方面，首先由于观察中发现实际活动并不都遵循了原本的设计目的，因此定义“可供性（Affordance）”即物理环境如何“承担”特定活动这一概念，根据“明确定义的行为设置/部分定义（过渡）行为设置/定义不明确的行为设置”的分类，此处定义空间是否具有“硬约束”（即家具），或“软约束”（即名义或规则），以允许或阻碍特定行为，并同时在行为方面定义“行为匹配度”变量以指示实际观察到的行为与设计目的之间的匹配程度。其次，定义“可达性（Accessibility）”，可达性将通过影响老年人的步行行为间接影响设施的使用(Garin 等,2014;Higgs、White, 1997),本研究通过定性评估不同级别道路进行可达性程度的分类。"可停留性"指可以使某一空间内发生较长时间的停留行为的,具有某些可以满足活动目的的功能或者某些能够满足人停留心理的空间特征,根据观察,使用是否具有景观以及是否提供座位以量度可停留性等级。在行为属性方面,通过行为匹配度、多样性、交流行为、活跃度和老年用户的比例来描述老年人在公共设施中的行为。

使用多重对应分析(MCA)来探索空间特征和行为模式之间的关系。根据结果,与具有其他特征的空间相比,遵守设施的目标功能的活动更可能发生在具有强约束、低可停留性、高识别性和可访问性的空间中。在具有高可停留性、高识别性、高可达和较少约束的地方倾向于观察到更多样化的活动类型。积极的互动往往发生在具有高可停留性、可达性和识别性的空间中。此外,代表活跃度和交流活动的线与表示老年使用者比例的线重叠,这表明这两个方面具有高相似度,高老年用户比率也显示出对具有更少约束性和更高可达性的空间的倾向。为了增强结果的准确性,使用卡方分析检查每种行为模式。可停留性与行为的所有变量都具有统计相关性($p<0.05$)。虽然老年人使用率、活跃度、多样性和约束度之间的相关性没有统计学意义,但这些项目之间的相关性强于其他空间特征($p<0.2$)。

5.3.2 村域空间中的行为特征

(1) 村域行为平面与空间解读

D 村四个时间截面的村域行为如图 5.24 所示。①9:00 截面,全村域呈现 8 处聚集。MRA 出现于村卫生室、小卖部及前广场、菜场、道路交汇水池、桥头,RA1 为桥头小卖部,RA3 为村中小卖部和沿河公园。根据先行对行为—时间的访问调查,该时间点老年人常规行为主要为家务和劳作,轻度、中度失能老人有较高的"村内闲逛"活动比例,可以解释几个可停留场所(小卖部、公园)的高聚集度,此外可以观察到两种非常规活动(医疗看病、购物)形成的聚集。②13:00 截面,散点化分布。MRA 聚集出现在小卖部及广场、道路交汇水池以及老年活动室,此时老人的娱乐行为以棋牌、闲逛、聊天为主,家务行为比例较高。③15:00 截面,高活跃度截面,为老年活动室的使用峰值点,在 MRA 、RA1、RA3 的三个小卖部具有高聚集度。④19:00 截面,村口广场的使用峰值点,人向中心村聚集的趋势明显,在 RA1~RA3 均没有观察到聚集。

H 村四个时间截面的村域行为如图 5.25 所示。①9:00 截面,主要在 MRA 两处小卖部以及广场后水塘、RA1 小卖部连餐厅、RA4 小卖部观察到老年人聚集。该时间点所发生的主要常规行为是家务和劳作,同样轻度、中度失能老人有较高的"村内闲逛"活动比例。②13:00截面,完好和轻度失能老人都有较高的家务与劳作比例,因而该点老年人分布有散点化特征,在各自然村小卖部分布稍显集中。此时能力完好老人的行为以棋牌为主,轻度失能老人以村内闲逛为主,而中度失能老人则以棋牌、电视等室内活动为主。③15:00 截面,该时刻老年人活跃度较高,在 MRA、RA1、RA4 的五个小卖部具有高聚集度,棋牌与闲逛行为明显增加。④19:00 截面,人群向 MRA 和 RA1 的广场和空地聚集的趋势明显,此时老年人总体以室内活动如看电视为主,完好、轻度失能老人也进行闲逛与乐器舞蹈活动。

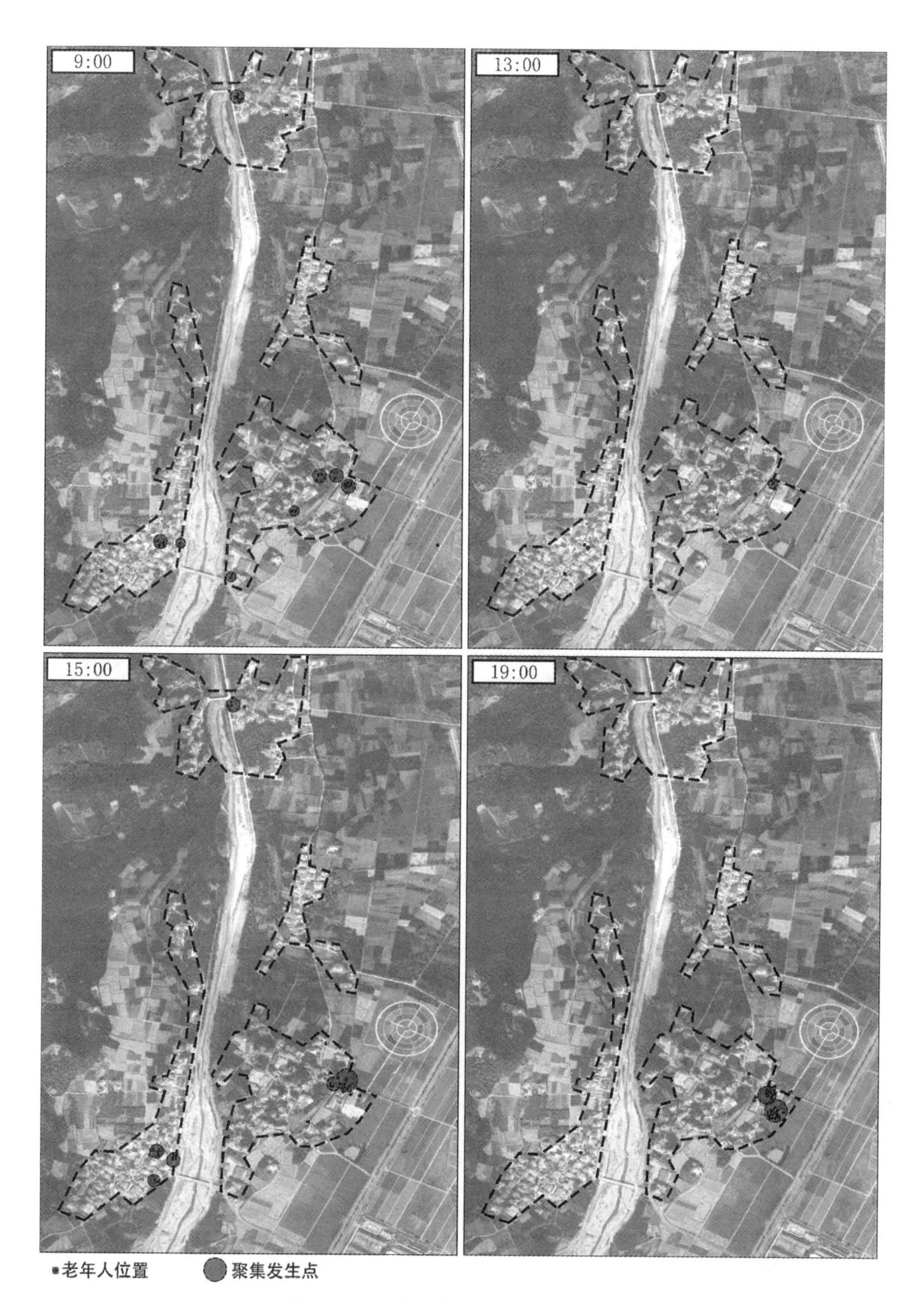

图 5.24 D 村村域层面老年人位置记录

(来源:自绘)

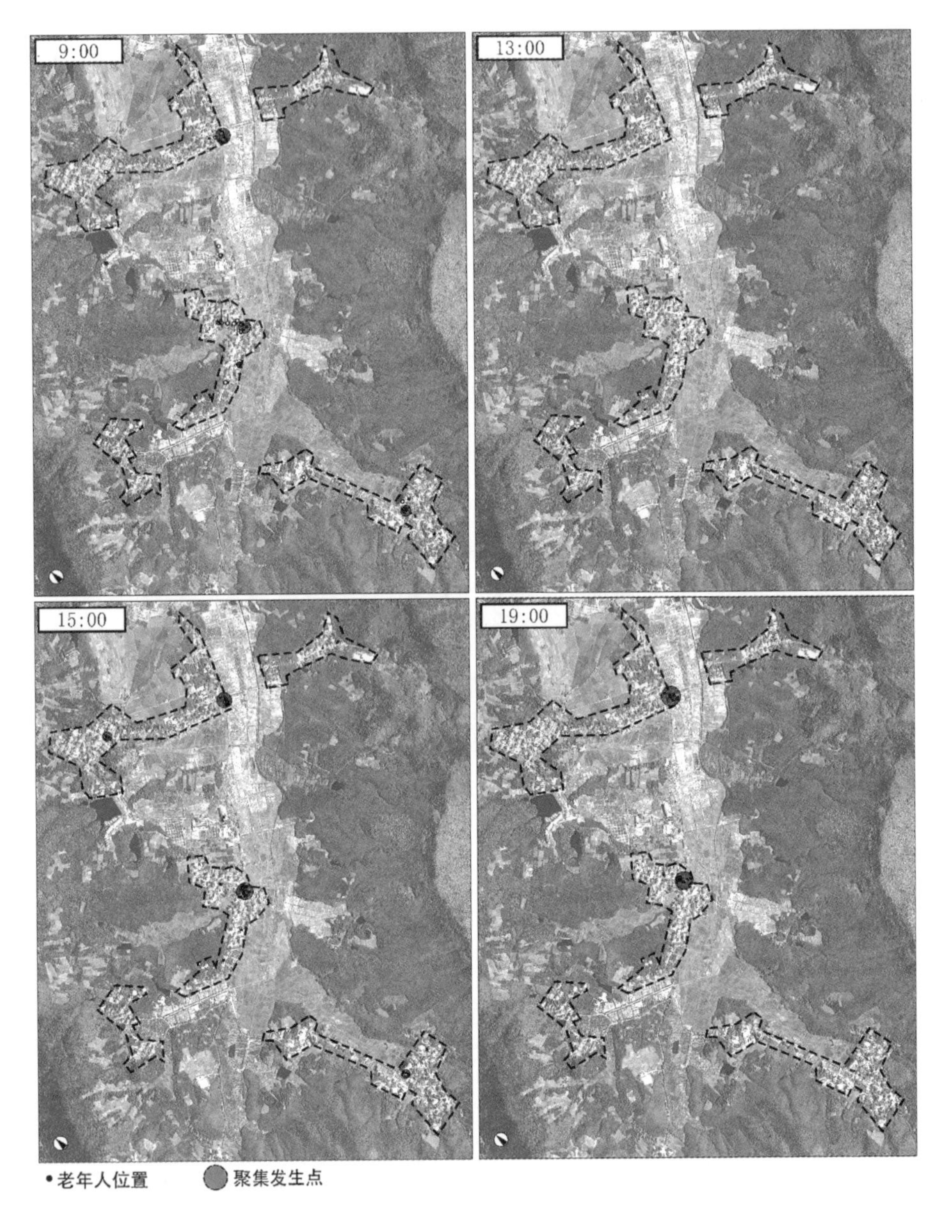

图 5.25 H 村村域层面老年人位置记录

（来源：自绘）

(2) 聚集群体规模和活动特性

在环境心理学中，人与人的相互关系包括安全互助、轻接触、语言交流、行为互动等，观察中老年人的聚集人数与活动内容具有一定的对应关系（表 5.10）。首先老年人单独行动的比例高，即使双脚不便拄着拐杖的老人也会独自在村内行走；而多人群聚规模以 2～4 人的“小群生态”为多，行为主要包含偶遇式聊天、小卖部之外的公共空间闲坐与闲聊等；5～10 人的聚集包含日常棋牌活动以及以小卖部为据点的闲聊活动；而 10 人之上的聚集，则一般具有目的性，如跳舞、排练以及宗教活动等。总体而言，在聚集规模上，两类村庄之间的差异性很小，与城市情况进行比对，基本只在老年人单独行动的偏好，以及以小卖部为中心的多人聚集这两点上，存在乡村情况的特殊性。

表 5.10　老年人聚集(从 1 人到 1 群人)所分别对应的活动

聚集人数		1 人	2～4 人	5～10 人	10 人以上
活动内容	中高型乡村	● 村内行走 ● 村内劳作	-偶遇式聊天 ● 结伴散步或锻炼 ● 闲坐(公园、广场) ● 棋牌活动 ● 乐器排练	● 有围观者的棋牌活动 ● 小卖部闲坐与聊天	● 广场舞 ● 集中歌舞排练 ● 宗教活动
	中低型乡村		-偶遇式聊天 ● 闲坐(广场) ● 棋牌活动	● 饭店用餐 ● 有围观者的棋牌活动 ● 小卖部闲坐与聊天	● 广场舞 ● 宗教活动

(来源：自绘)

(3)“功能性聚集”与“场所性聚集”

本书将老年人群在空间上的集聚性分为“功能性集聚”与“场所性集聚”两种。

① “功能性集聚”。功能性聚集是使用者为获取空间所具备的某一功能而发生的聚集，表现为在某一时间段的某一公共空间以老年使用者为主。

D 村的功能性聚集发生在卫生室、菜场、文化礼堂、教堂、老年活动室以及村口广场。卫生室早间时段(8:30～9:30)的患者基本在 60 岁以上，年轻患者则总体对村卫生室有低选择意愿，同时也会倾向于下午时段就诊；同样相对菜类较少的村内菜场，年轻人倾向于选择路程更远的大菜场，因此村内菜场的顾客也以老年人为主；此外，由于信教者中老年人较多，村内的教堂在周日早上及宗教活动发生日都可以发现大量老人聚集，该教堂还附有厨房与餐室，有时举办教内聚餐活动。在常规性活动中，下午与傍晚的老年活动室、傍晚的村口广场是功能性聚集发生的场所。表 5.11 对其功能性、易达性、易识别性与便利性进行评价。

表 5.11　D 村功能性聚集场所与场所特征

	非常规活动功能性聚集场所								常规活动功能性聚集场所			
	卫生室		菜场		文化礼堂		教堂		老年活动室		村口广场	
聚集时间	不定		不定		活动发生时		周日		每天		每天	
	早上 8:30～9:30		上午时段		活动时间		上午时段		下午与晚上时段		晚上时段	
功能性	村内唯一的医疗服务设施	高	提供蔬菜和杂货	中	室内活动聚会讲座设施	高	宗教设施，配厨房与餐室	高	仅配有电视机和桌椅	低	空地广场	低
易达性	靠近村口	高	正对村口	高	村内主要道路沿线	中	村内主要道路延伸段	低	靠近村口	高	位于村口	高

（续表）

	非常规活动功能性聚集场所								常规活动功能性聚集场所			
	卫生室		菜场		文化礼堂		教堂		老年活动室		村口广场	
易识别性	靠近村口，但所在位置并非主要道路上，有遮挡	中	正对村标志小广场，但有遮挡	中	在建筑形态上有区别，门口有标识	中	藏于道路尽端，部分外墙为塑料皮，没有明显标识	低	正对村标志小广场	高	在村行政建筑旁	高
便利性	处于公共设施组团内	高	稍偏离公共设施组团	中	偏离公共设施组团	中	较远离公共设施组团	低	处于公共设施组团内，外廊可以停车	高	处于公共设施组团内	高

（来源：自绘）

而H村非常规活动功能性聚集场所发生在RA1饭店、MRA文化礼堂和寺庙三地。其中RA1饭店为包含老年人在内的村民提供午餐，其他时段提供休憩场所和热水；MRA文化礼堂不定期举行老年人文化活动和医疗看诊等；RA4寺庙在春节、端午等重大传统节日时会举办参加者以老年人为主的活动。常规活动功能聚集性场所有MRA两处小卖部和MRA村口广场。小卖部通过提供有偿的棋牌活动设施，转移了邻近的老年活动中心棋牌室的功能；村口广场也出现了一定功能向其他设施（如广场邻近公交车站）转移的现象（表5.12）。

表5.12　H村功能性聚集场所与场所特征

	非常规活动功能性聚集场所						常规活动功能性聚集场所			
	RA1小饭店		MRA文化礼堂		寺庙		MRA小卖部（两处）		MRA村口广场	
聚集时间	不定		活动发生时		活动发生时（重大节日）		每天		每天	
	午晚餐时段		活动时间		活动时间		白天时段		傍晚与晚上时段	
功能性	为村民提供热水和便饭	高	室内活动聚会讲座设施	高	宗教设施，配厨房与餐室	高	小卖部内置棋牌桌椅*（强异用设施）	中	设有舞台、花坛和座椅的广场	中
易达性	行政村主干道和R1入村交叉点，但远离MRA	中	行政村主干道和MRA入村交叉点，位于二楼	中	自然村主干道旁	中	行政村主干道和MRA入村交叉点	高	行政村主干道和MRA入村交叉点，周边有公交车站	高
易识别性	位于村庄主干道边，有明显标识	高	正对村标志广场，建筑形式有区别	高	特殊的建筑样式，有明显标识	高	正对村标志广场	高	村标志广场，有特殊建筑样式	高
便利性	与小卖部和小广场等公共设施共设，周边有空地可停车	高	与小卖部、幼儿园和大广场等主要公共设施共设，周边有空地可停车	高	远离中心村及所在自然村主要人居聚集点	低	处于公共设施组团内，外部可以停车，小卖部内可提供零食和热水	高	处于公共设施组团内	高

（来源：自绘）

②“场所性集聚”。场所性聚集指因场所本身特性（如位置、形式、感情等）而非其具有的功能所引发的聚集，包含停留、交汇、景观三种类型。“停留”类具备吸引老年人停留的条件，根据观察发现干净的座椅、场所的安全感和围和感、高易达性是所需条件。如D村内三处小卖部，都位于各自然村组团中心或与主要村道相连，门前都以较大的雨棚和矮墙限定灰空间，并放置数把椅凳。“交汇”类位于村道交叉形成的节点，具有可达性高、易形成相遇、周边环境具有吸引力的特点，如整洁的地面、有围合感的绿化、较好的景观等。“景观”类则指具有良好景观视线的场所。具有越多的场所性聚集类型属性的地点具有越高的聚集性（表5.13）。

表5.13 D村场所性聚集场所与场所特征

		小卖部 MRA		小卖部 RA1		小卖部 RA3		沿河公园 RA3		健身公园 RA3		桥头 MRA RA3		水池交叉口 MRA	
类型	停留	√		√		√		√		√		—		—	
	景观	—		√		—		√		—		√		—	
	交汇	—		√		—		—		—		√		√	
功能性		商业功能→老年人聚集						休憩		健身、休憩		—		洗涤	
易达性		靠近村口	高	组团主路交叉口	高	组团主路交叉口	中高	桥头	高	组团主路交叉口	中高	桥头	高	组团主路交叉口	高
易识别性		正对村标志小广场	高	位于桥头	高	在组团内部	中	无特殊标志	中	在组团内部	中	桥头	高	在组团内部	中
可停留性		①顶棚限定灰空间 ②有凳可坐	中高	①顶棚限定灰空间 ②矮墙半围合 ③有凳可坐 ④街景、自然景观	高	①顶棚限定灰空间 ②竹席半围合 ③有凳可坐 ④街景	高	①有凳可坐 ②街景、自然景观	中	①有凳可坐 ②街景	中	①树荫限定灰空间 ②街景、自然景观	中	① 树荫限定灰空间	中低

（来源：自绘）

H村RA1和RA4两处小卖部同样具有灰空间、半围合、可坐和位于道路交叉点的特征。MRA公交车站也表现出类似特性，有顶、有广告牌的半围合、有用于等公交的长凳，同时面对贯穿行政村最主要的公路以及村内最主要的活动广场，因此形成比广场内花坛座椅还要具有人气的“观众席”。同样的现象出现在 RA1 的小卖部形成的“观众席”，使得一块位于主干道旁的窄小空地替代临近专用设计的活动广场成为老年人聚集和发生休闲娱乐行为的场所。此外，视野较好、偶遇机会较多的村内道路与主干道的交叉口，以及外廊式二层住居檐下也发生了景观和停留两类的场所性聚集(表 5.14)。

表 5.14　H 村场所性聚集场所与场所特征

<table>
<tr><td colspan="2"></td><td colspan="2">空地
RA1</td><td colspan="2">公交车站
MRA</td><td colspan="2">小卖部
RA1</td><td colspan="2">小卖部
RA4</td><td colspan="2">水池
MRA</td><td colspan="2">道路口
MRA</td><td colspan="2">自宅檐下
(全区域)</td></tr>
<tr><td rowspan="3">类型</td><td>停留</td><td colspan="2">√</td><td colspan="2">√</td><td colspan="2">√</td><td colspan="2">√</td><td colspan="2">—</td><td colspan="2">—</td><td colspan="2">√</td></tr>
<tr><td>景观</td><td colspan="2">—</td><td colspan="2">√</td><td colspan="2">—</td><td colspan="2">—</td><td colspan="2">√</td><td colspan="2">—</td><td colspan="2">—</td></tr>
<tr><td>交汇</td><td colspan="2">√</td><td colspan="2">√</td><td colspan="2">√</td><td colspan="2">√</td><td colspan="2">√</td><td colspan="2">√</td><td colspan="2">—</td></tr>
<tr><td colspan="2">功能性</td><td colspan="2">空地→广场舞</td><td colspan="2">车站→闲坐聊天、观望</td><td colspan="4">商业→闲坐聊天</td><td colspan="2">洗涤</td><td colspan="2">观望</td><td colspan="2">闲坐聊天</td></tr>
<tr><td colspan="2">易达性</td><td>行政村主干道路边，但稍远离中心村</td><td>中高</td><td>中心村公共组团对面沿街</td><td>高</td><td>组团主路交叉口</td><td>中高</td><td>组团主路交叉口</td><td>中高</td><td>组团主路交叉口</td><td>中高</td><td>行政村主干道路边</td><td>高</td><td>—</td><td>—</td></tr>
<tr><td colspan="2">易识别性</td><td>自身无任何设施与标志，但面对 RA1 重要公共设施</td><td>低</td><td>面对主要广场</td><td>高</td><td>在组团内部</td><td>中</td><td>在组团内部</td><td>中</td><td>在组团内部，被遮挡</td><td>中低</td><td>通向人居的路口</td><td>低</td><td>—</td><td>—</td></tr>
<tr><td colspan="2">可停留性</td><td>本身不可停留，但对面小卖部和饭店提供停留场所
① 顶棚限定灰空间
② 竹席半围合
③ 有凳可坐
④ 主要道路、广场景观</td><td>中高</td><td>① 顶棚限定灰空间
② 广告牌半围合
③ 有凳可坐
④ 主要道路、广场景观</td><td>高</td><td>① 顶棚限定灰空间
② 建筑平面半围合
③ 有凳可坐
④ 街景</td><td>高</td><td>① 顶棚限定灰空间
② 建筑平面半围合
③ 有凳可坐
④ 街景</td><td>高</td><td>① 树荫限定灰空间
② 自然景观、街景</td><td>中</td><td>① 主要道路景观</td><td>低</td><td>① 顶棚限定灰空间
② 建筑平面半围合
③ 有凳可坐
④ 街景</td><td>中高</td></tr>
</table>

(来源：自绘)

由此可见,虽然称为功能性聚集,但具备某一功能并非吸引老年人的充分条件,如D村老年活动室的设计功能不明确,空间质量低下,但由于其可识别性和易达性都较高,容易触发随机的接近行为,同时有可以停放摩托车的外廊,无形中成为引发老年人聚集现象的要素。与之相对的是该村的原居家养老服务中心,虽然在功能上设计明确,设施也较完善,但因选址造成的可达性和识别性低而使用率低下。同样H村RA1活动广场由于选址较隐蔽、可识别性低,其本来所能容纳的室外活动功能被转移到沿街空地。因此,易达性、可识别性和便利性三个因素的程度高低直接关联老年人的自发随机活动和前往频率,由此可以考察两村地点特质和自发性聚集频率的关系(表5.15)。

表5.15　两村场所特质和自发性聚集频率的关系

D村功能性聚集发生频率与地点特征关系						
场所	老年活动室	村口广场	卫生室	菜场	文化礼堂	教堂
聚集频率	常规,一日	常规,特定时段	非常规,特定时段	非常规,特定时段	非常规,特定日期与时段	非常规,特定日期与时段
	高→低					
场所特征*	3高	3高	2高	1高	3中	3低

H村功能性聚集发生频率与地点特征关系					
场所	MRA小卖部	MRA村口广场	RA1小饭店	MRA文化礼堂	寺庙
聚集频率	常规,一日	常规,特定时段	非常规,特定时段	非常规,特定日期与时段	非常规,特定日期与时段
	高→低				
场所特征*	3高	3高	2高	2高	1高

(注:*从易达性、易识别性、便利性三点评判)

(来源:自绘)

而场所性聚集与功能性聚集最大的差异在于吸引使用者的要素并非空间功能而是空间特质,因此老年人的场所性聚集呈现了老年人偏好的空间要素。根据总结,可停留性直接影响了老年人的聚集程度,其特征可归纳为“有顶、有墙(半围合的软质或硬质竖界面)、有凳、有景”。

(4) 聚集行为发生的空间特征

最后,将乡村老年人聚集地点的特性与评判标准进行总结(表5.16)。将集聚特征分为“功能性集聚”和“场所性集聚”两类,“功能性聚集”显示了老年人使用村内公共设施的方式和时段,其发生条件除了本应具有的特定功能外,主要由易达性、易识别性和便利性进行共同评估,在以村为整体的养老服务体系营建中需要考虑到这些公共设施的分时利用和包容性设计。“场所性聚集”分为停留类、交汇类、景观类,应当以“顶墙凳景”形成可停留性作为最重要的条件,易达性作为次要条件。

表 5.16　乡村老年人聚集的特征要求总结

<table>
<tr><th></th><th>功能性</th><th>易达性</th><th>易识别性</th><th>便利性(功能组合、可停留性)</th></tr>
<tr><td rowspan="2">功能性聚集(以设定功能吸引使用者)</td><td rowspan="2">具有某一特定而必需的功能</td><td>主要道路两侧或交叉口</td><td>建筑式样有区别或有明显标识</td><td>邻近其他公共设施,易于停车的场地和易于到达的厕卫等设施</td></tr>
<tr><td colspan="3">共同评判</td></tr>
<tr><td>场所性聚集(以空间特性吸引使用者)</td><td>原设功能无关紧要</td><td>主要道路两侧或交叉口(满足“有景”)</td><td>并非特别重要</td><td>有顶、有墙(半围合的软质或硬质竖界面)、有凳、有景</td></tr>
</table>

注:颜色越深代表越重要。

(来源:自绘)

5.3.3　行为与偏好指导下的空间设计导向

(1) 空间异用现象的追因与避免

空间的异用、适应性再利用(Adapted Use)现象指将旧场地或建筑物重新用于除建造或设计之外的目的的过程(Bullen、Love, 2011),此处借用它的内涵来描述使用者不遵循建筑环境的原始设置而自发地产生替代活动这一事实,即乡村老年人在使用既有空间时实际行为与原始设定场所的错位。观察中发现乡村老年人对包括乡村公共设施在内的乡村空间具有“行为→环境”的反作用过程。从设施角度而言,可以将作用的结果分为两类:①“移入”,即设施实际使用功能(可以容纳的行为)大于其原本被设定的功能,也可归纳为设计空间主动或被动地对功能的兼容性,包括容纳行为与容纳行为对空间划分及属性的改变;②“移出”,即设施实际使用功能小于被设定功能,原本应该容纳的功能“转移”到了另外的空间中,造成设施建设的浪费。由于设计问题导致特定功能在两个强功能空间中的转移,这种现象是使用者与设计者对同一空间的解读不同造成的,造成资源的浪费,应当尽可能避免。

表 5.17　乡村空间的老年人异用现象

<table>
<tr><th colspan="2">异用类型</th><th>例子</th></tr>
<tr><td rowspan="2">移入</td><td>兼容行为</td><td>D 村卫生室:医疗+闲聊、电视</td></tr>
<tr><td>兼容行为对空间的划分及属性改变</td><td>D 村老年活动室:单间弱功能建筑→棋牌区、排练区、电视区</td></tr>
<tr><td>移出</td><td>行为转移</td><td>H 村 MRA 棋牌功能:老年活动中心棋牌室→小卖部
H 村 RA1 跳舞功能:活动广场→路边空地
H 村 MRA 闲坐功能:广场花坛座椅→公交站
闲坐功能:公园、凉亭、花坛、广场等→小卖部</td></tr>
</table>

(来源:自绘)

发生兼容行为设施有两方面特点，一是随机行为发生的高可能性，这与其所处村内位置关联甚大；二是其内部设施配置能够支持某些行为发生，如D村卫生室位于村口，其中有空调、座椅和电视的点滴室成为老年人聚集的场所。而发生兼容行为对空间再划分的设施应当原本就是一个被动或主动的弱功能设施，其中一些空间“缺陷”反而会促进其自发再分割，如D村老年活动室原本仅是一个中心有立柱的单间，但老年人在使用过程中借用立柱自发通过家具的摆放等，将内部空间划分成不同的活动区域，并由此改变了空间的属性。发生行为转移的则很大程度上是由于对使用对象空间需求特性的忽视造成的。如对于棋牌功能，老年人希望的是易达、便利(可停车)，最重要的是熟悉的人和环境；跳舞功能比起宽阔的场地更要易达、易识别、有“观众席”或休息席的场地；闲坐功能则是转移最多的一种功能，比起公园、花坛等“专用”休憩场所，似乎小卖部，甚至公交车站这种具有“顶墙凳景”的才是老年人偏好长时间停留的场所，尤其是在乡村地区，小卖部不仅作为商业设施，更成为人居片区内交往的核心场所。村民对于生活环境的主动改造，如墙壁或屋顶界面的限定、桌子和椅子的增加，增加了这些地方的受欢迎程度。

(2) 基于行为与偏好的设计探索

环境行为学与心理学理论的多学科综合性可通过广阔视野揭示来考察人与环境的关系，为老龄化及老年设施建设这一复杂课题提供了较为全面的理论平台，有利于从深层次解读目前我国老年环境建设问题，以及获得具有现实性、针对性和科学性的建设策略，这对今天的中国社会有着重要的现实意义。本研究通过乡村老年人在村域空间内自发聚集行为的观察获取其聚集行为内容与空间偏好，有助于在进一步的设计过程中顺应乡村老年人作为主要使用者的空间行为特性，作为后续建筑与规划设计的依据。观察结论主要分为以下三点：

① 通过相应的分析，一些空间配置可能对老年村民具有吸引力。老年使用者的比例受到可停留性的强烈影响，并与空间的强约束呈负相关；可停留性也是影响老年人使用社区设施的最重要因素。乡村老年人的日间交流设施应该增加可停留性和减少行为限制，而可访问性和可识别性相对次要。相比较而言，支持老年人日常生活某些方面的时段型设施，如文化和医疗活动，应该强调该地方的可达性和可识别性。活动的多样性和老年居民之间的积极互动更倾向于在具有更高停留性、可识别性和可访问性的空间中发生。

② 老年人村内活动空间的场所性聚集现象可以挖掘出老年人高聚集场所的空间特征，并有机会试用于指导老年设施的空间营造。将集聚特征分为“功能性聚集”和“场所性聚集”两类，功能性聚集显示了老年人使用村内公共设施的方式和时段，因当注重易达性、易识别性、便利性，在以村为整体的为老建设中需要考虑到这些公共设施的分时利用和包容性设计。场所性聚集分为停留类、交汇类、景观类，应当以“顶墙凳景”作为营造老年人自发聚集的场所。从聚集规模和相应活动来看，尤其应当注意在两类乡村中都表现出来的与城市相异的特征，即老年人单独行动的偏好，以及以小卖部为中心的多人聚集。但是单独行动或许仅仅是一种外在表象，从在道路旁开辟一小块地进行自给自足的农作，比起使用家中自来水更倾向于在路边渠或水塘里洗衣洗菜这些行为上看，或许有出于经济上的考虑，但也反映出老年人希望能获得更多“偶遇”，从而增加与他人、与村社会交流的机会。小卖部的聚集力是

乡村社会中较为显著的特点，在整体规划中应当多加利用。

③ 空间异用行为说明物质空间的行为可供性（Affordance）会被人无意识感知，并在空间与人的行为共性下引发自然的行为结果。在设计中，应当重视老年人群体对空间的特殊偏好，结合人的基本习性，如向光性、对周边人工或自然构造物的倚靠性、安全感等，以物质空间支持与顺应这些偏好和习性，才是基于使用者的、高效的、有针对性的设计。

6 乡村老年服务体系与设施营建策略

6.1 既有乡村老年建设体系架构的理论与实践基础

6.1.1 人与环境的相互作用论

外部物理环境与人类之间的联系，包括身体活动和行为，以及身心健康的相关结果，长期以来一直受到各个领域的关注。在老年学研究中，人和环境共同影响着养老质量是一种共识。

其中具有代表性的理论为心理学家 Kurt Lewin 于 1936 年出版的《拓扑心理学原理》(*Principles of Topological Psychology*)中提出的场域理论(Field Theory)，认为个人生活场所决定了其行为方式，表达为 $B= f(L)$，其中 L 表示生活场所，也可表达为人行为的解释因素公式 $B=f(P, E)$，即行为(B, Behavior)由人(P, Person)与环境(E, Environment)决定。在 Lewin 的理论框架中，生活场所或者说是人与环境要素是动态的，他也强调在考察一种行为时必须考虑在行为发生确切时间点的场所状态。在人与环境适应理论以及 Lewin 的拓扑心理学理论框架基础上，环境老年学家 Lawton 和 Nahemow 1973 年提出环境压力模型(Environmental Press, EP)(图 6.1)，认为个人与环境的适应性(Adaption)可以分为环境改变造成个人生活压力以及个人改变造成环境对需求的无法满足两种。该模型的 Y 轴代表人的内在因素和能力，包括身体机能、感知触觉、认知、社交与行为性技能，X 轴代表环境，对于环境的概念，Lawton 提出了广泛而具体的环境范围，包括住房、邻里、户外、交通，甚至与科技的互动等，包含身体—实体环境和精神—虚拟环境两大类(Scheidt、Windley,

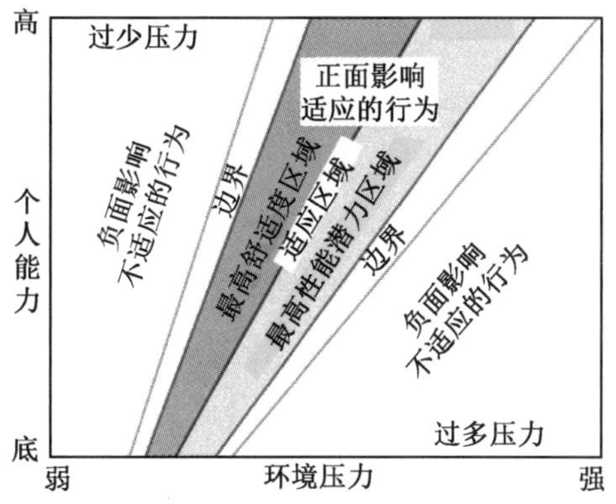

图 6.1 环境压力(Environmental Press)模型

(来源:Lawton & Nahenow, 1973)

1988)。EP 模型是一个为就地养老提供具有实践意义的设计、干预策略的理论框架,可以回答环境如何转换、补偿、帮助适应老年人活动和参与。随后,Lawton(1982)又提出了老化生态模型(Ecological Model of Aging, EMA),该模型从老年人的跌倒风险切入,提供了包含人、环境及两者互动因素的框架(Lawton, 1982),核心观点在于高个人能力可以承受高环境压力和挑战(Wister, 1989)。

总而言之,将老年人放在人与环境的相互作用理论中进行讨论得出以下论点:

① 老年人对外在环境的刺激与改变具有能够忽略外来较大的改变的适应能力(Lawton,1986),因此老年人倾向于对环境拥有较高的满意度。

② 个人能力越小,受到环境影响程度越大,因此弱势的老年人较年轻人面对环境影响更为敏感(Lawton、Nehemow, 1973; Golant, 1979)。

③ 当环境已经不能满足个人生活需求时,应当改变环境以适应,但改变的度要谨慎把握,因为对老年人而言,过多的环境改变会产生更大的适应压力。

④ 能力越弱,环境适应能力也越弱,因此随着老年人身体条件降低,其所能控制的环境范围将会逐渐缩小。

人与环境的相互作用论及其相关衍生,是理解老年人的社会与生活行为机制的一种重要理论方法;同时,在认知基础上通过包含虚拟环境(社交网络与服务)和实体环境(建筑环境)改造的手段作用于老年人的生活方式和行为模式,尤其是随老年人个体能力的下降,对应性地从环境建设进行补偿,是保障老年生活质量的一种重要途径。

6.1.2 老年持续照护观念的落地

在各国的实践中,持续照护观念是其中一个重要动向。美国连续照护退休社区(Continuing Care Retirement Community, CCRC)是由阶段型住宅与机构化服务组成,其核心概念是终生照护(Life Care)。该社区内包含三种针对不同阶段需要的老年住宅:以完全自立老人为对象的独立生活住宅(Independent Living),为只需要一定生活协助的老人提供的辅助生活住宅(Assisted Living)和为需要全天候医疗照护老人设置的护理之家(Nursing Home),老年人根据所需照护内容的不同入住不同的住宅。社区内除了配备有专门的照护中心、娱乐活动设施、医疗设施,还通常有针对轻度失智高龄者的居住康复设施等。这种社区可以尽量保持老年人生活环境的连续性,且相对集中、规模化、机构化的服务提供模式也具有一定的经济性。

随后,针对"没有新知识的刺激"和"多年龄层交流的不足"两个缺陷,与大学协作建设"大学合作型连续照护退休社区"(College-linked Retirement Communities)应运而生,选址于大学及其周边,老年人作为大学生涯的"再体验者"及其自身生涯的"演讲者"两种身份参与到大学生活中去。大学合作型 CCRC 相比传统 CCRC,更注重老年人的交流意愿和精神健康。由于 CCRC 是一个搬迁形成的老年社区,实际上并非真正的就地养老,其所标榜的连续照护也是指搬迁后在新的社区内经历连续完整的老年时期。相对于 CCRC 中的"非真正在地"的养老方式,之后又衍生出一种试图结合真正在宅与 CCRC 服务优势的 CCaH

(Continuing Care at Home)模式,其主旨是将CCRC中的医疗和照护等设施的使用扩大到周边的一般社区中,使周边老人也能够享受到持续照护的优势,同时还能实现真正的就地养老。

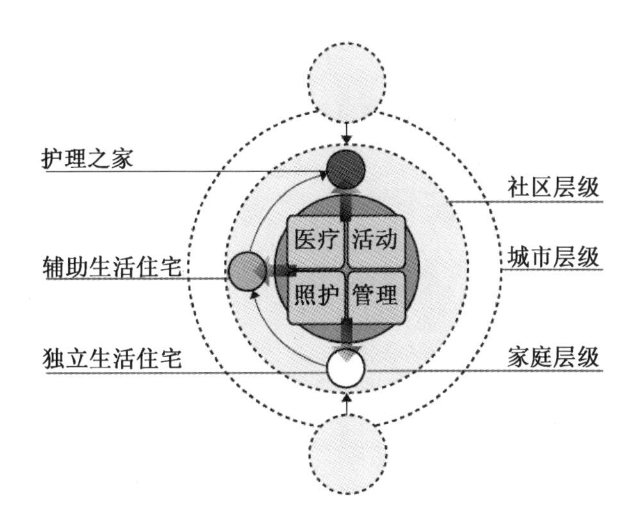

图6.2　老年持续退休社区的服务组织

(来源:自绘)

6.1.3　资源统合的居家养老体系

(1) 美国老年人全面照护计划PACE

On Lok(安乐)计划是在地全面照护系统的实践,即后来更为人熟悉的老年人全面照护计划(Programs of All-inclusive Care of the Elderly, PACE)。PACE始于1971年美国西海岸的中国城,最初是依托中国城住民中心,学习英国日间照料(Day Service)设立的非营利团体,主要面向居住在美国的低收入华人。1979年该项目受到美国公共医疗保险Medicare的补助,加入医疗和养护院(Nursing Home)的功能,统合为一项医养结合的长期照护项目,并于1983年联合Medicare和Medicaid的补助,实现了日间照料、医疗看护、交通协助、饮食提供和上门服务等综合服务功能的供给。PACE的目标是通过"全面照护"的手法同时达到低医疗费和生活质量(QOL)的保证,即尽可能更长久地在家庭内保持老人的健康水平,必要时再通过专业护理机构(Skilled Nursing Facility,SNF)接受急性期、慢性期、照护统合的照护服务,通过疾病预防及恢复稳定慢性病症,抑制疾病的连带症状,达到延长寿命、避免入院以降低医疗费用、保持尊严和生活质量的目的。PACE针对在旧金山居住、取得加州养护院入住资格的55岁以上人群。目前其使用者的平均年龄为83岁,平均每人患有7种疾病。使用者50%居住在自宅,20%居住在护理中心(Care Home),15%居住在项目关联住宅(On Lok Housing),9%居住在宗教设施中,住在SNF内的仅占6%。

表 6.1　PACE 的政策—服务—设施体系

相关政策法规	● CMS PACE 规定(The Centers for Medicare & Medicaid Services) ● Medicare 和 Medicaid 的相关规定 ● 州医疗批准制度(ADHC、Clinic、在宅医疗)以及地方医疗规定(饮食服务) ● 用地与建设等相关规定
服务内容	● 医疗:基本医疗护理,牙科,足科,听觉与听力,物理、语言治疗,急性医院护理,紧急护理,处方药,医疗设备和用品,紧急医疗交通服务 ● 保健:营养、送餐服务,泳池疗法,康乐运动,心理健康咨询,宗教精神照护 ● 娱乐/创龄:棋牌游戏,音乐,运动,艺术课程,娱乐项目,球赛和旅游,自由社交 ● 日常协助:预约护送,药物提醒,头发、手指、皮肤护理,穿衣、洗澡、喂食、如厕、洗衣,餐后清理
服务提供特征	① 顺应加入者需求的服务配置 ● 通过详细的测量表了解加入者的需要 ● 根据文化背景与本人或家族成员的意向提供服务,特别在临终关怀上 ② 包揽的(All-inclusive)服务范围 ● 为加入者提供包括医疗、照护、社会福利等广泛的服务内容选择 ③ 多种职业团队的服务供给 ● 每日通过全体职员会议及时根据加入者状况调整服务内容 ● 通过专用信息系统(Integrated Chronic Care Information System, ICCIS)每日记录加入者的健康状态、家庭状态、营养管理状态等,以支持其团队协作 ④ 事后服务评价系统(Quality Assurance and Improvement Program, QAIP) ● 可以进行事后定量的评价,和按人计价的方式组合更有效率 ⑤ 医疗服务的提供 ● 个别医疗计划+持续的跟踪评价调整 ● 提供代替养护院和医院的服务,使加入者能继续在社区里生活
服务支持	①团队配置:医师 13 人,临床看护士(NP)7 人,每个服务点团队配置人数不同,一个团队负责约 75 至 100 人 ② 支持扩展:志愿者、On Lok 后援会、30th Street 特别后援会通过举办活动、扩大影响、筹集资金,以及获取政府机关和当地媒体援助
下属设施	① On Lok Lifeways ● 代替养护院的全面医疗计划和长期照护设施,为老人尽可能长时间地在自宅及社区内生活提供援助。提供服务包括医疗照护(初级护理、处方、特别医疗照护、成人日间健康照护、在宅医疗、身体照护、"社会工作服务"入院、护士服务)、生活支援(营养、给食、接送服务)、娱乐、社交、创龄等 ② 30th Street Elderly Centre ● 与大学合作进行营养和健康教育的 On Lok 营养服务,共同食堂提供适合不同国籍老人的营养餐品,食堂作为社交场并鼓励老人志愿者加入,提供送餐服务 ③ On Lok Housing:老年住宅 ④ On Lok 交流 Program:与附近的幼儿园和学校合作交流
设施要求	PACE Centre ● 适当选址,为了提供一日 100 位要照护老人的服务需要确保 1.2 万 ft^2(1 115 m^2)的空间 ● 每周七日 24 小时都可以使用,但主要平时营业 ● 在一楼开设,铺道石侧设置送迎班车的升降口 ● 班车停车车位 8 个,服务专用入口 ● 厕所、浴室、洗涤室、诊疗、治疗、齿科、康复以及厨房用的管道设备配置

(来源:根据资料整理)

PACE是在华人地区产生的与美国社会保险与州制度嵌合的一种结合居家和社区日间照护的服务体系，其与政策制度的多方衔接(包括机构与使用者两方的资金支持、使用者准入规则、服务供给要求等)，服务支持的人员配置与持续、有反馈、医养结合的服务供给方式，以及关联设施提供的硬件支持，形成了一个较为全面和完整的社区老年供养体系。当然PACE也有其局限性，如加入者为获得一对一的医疗养护计划必须放弃外部照护服务以及对医师的选择权，其资金来源使得不具有Medicaid的加入者必须自己支付Medicare覆盖之外的(约2/3)的费用因而向中产扩散困难，受到州政府在设施竞争、人员准入、预算拨款等方面的强控制等等。其普遍问题是随着加入者增多，地方政府和消防法等规定要求的既存设施的收容能力、劳动力以及设施扩充费用不足。

(2) 日本“地区综合照护系统”

日本的“地区综合照护系统”实际被一些学者看作是PACE模式在日本的发展和变体。根据厚生劳动省老健局的调查，七成以上的人在需要照护时希望能在自宅内获得照护，六成以上希望能在自宅获得医疗看护和疗养，为了人们能在人生的后期尽可能地在习惯的地区内获得有尊严的生活，日本开始推广意图充分利用一个地区各方机构组织资源，统合照护、医疗、居住、生活支持和介护预防的全周期照护体系——“地区综合照护系统”。地区综合照护系统主要包含三方面的内容：①以老年住宅(自宅、老年人住宅等)为中心，通过各类照护设施获得上门服务、设施服务、预防服务；②通过各类医疗设施获得医疗服务和上门医疗服务；③通过当地老年协会、自治会、志愿者和NPO团体等获得各种各样的生活支持和照护预防。将这些统合在一起的是地域综合支持中心与照护服务管理站，以及一个30分钟的服务供应圈。也就是说，在一个地域包括照护系统中，具有完备的(包括专业医疗、多阶段照护、生活帮助、疾病预防，以及针对认知症的互助网络等)、及时的(大约30分钟的生活圈域)的服务资源配置，目标是使老年人能在自己熟悉的区域中持续生活到最后。

这个系统强调“地域社区的力量”以及多主体的参与和网络化。为了应对老年人多样的生活需求，需要由政府提供的介护保险等社会保险支付服务形成的“共助”，社会提供的老年人福利事业和生活保护等形成的“公助”，再加上当地居民组织、老年人之间的“互助”，以及老年人对自身状况的维护的“自助”，即政府、社会、社区、个人等多方主体共同组成和协作的老年生活的支持系统(图6.3)。

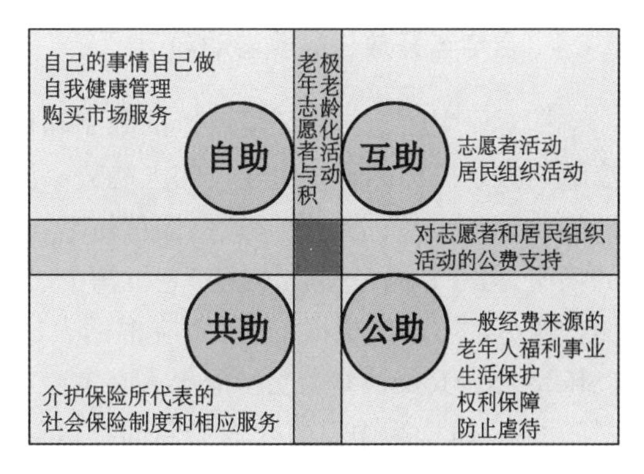

图6.3　自助、互助、共助、公助组成的老年支持

(来源：根据资料自绘)

在地区综合照护系统提出后，日本全国各地根据自身情况开展了多样的实践，根据日本综合研究所2014年提交的对全国50个实践案例的调查报告，这些实践可以分为四个方向：①介护保险服务的充实强化、与医疗结合的强化；②介护预防的推进；③生活支持服务的确保和居住环境的修整；④住民与相关团体、机关等合作形成整体支持体制。

地区综合照护系统实现了多层面上的资源统合。一方面激发和统合范围内老年服务功能与设施，以自宅、老年住宅为中心，居家服务站点（小规模多功能居宅介护）、初级医疗设施（包括个人医生、诊疗所、地区医院和药店等）、娱乐交流场所等提供老年服务功能和场所，并由地域包括支援中心，形成“医养助娱”的多方面服务供给统合；另一方面激发和统合范围内老年人自身、社区、社会、政府的力量，形成“四助”的多主体服务供给统合。另外，还从使用者方面出发，将老年人所需服务，如市民活动、居住、安全维护、医疗、介护预防、生活支持等也进行了统一考虑。

总体来说，这种统合在地资源形成的居家养老体系，体现东方对家庭和周边熟人社会的重视，其服务提供的特点是包括性（comprehensiveness）和持续性（coherent）。相比之下，PACE 是在西方制度下的东方式养老观念尝试，通过建设设施的方式统合老年所需服务，因而显得更为“生硬”一些，而其与财政、保险制度连接的方式也使得这种高支出的统合方式变得可能。而“地域包括系统”则较为软质和灵活，也能够催生各种因地制宜的表现方式（图 6.4）。

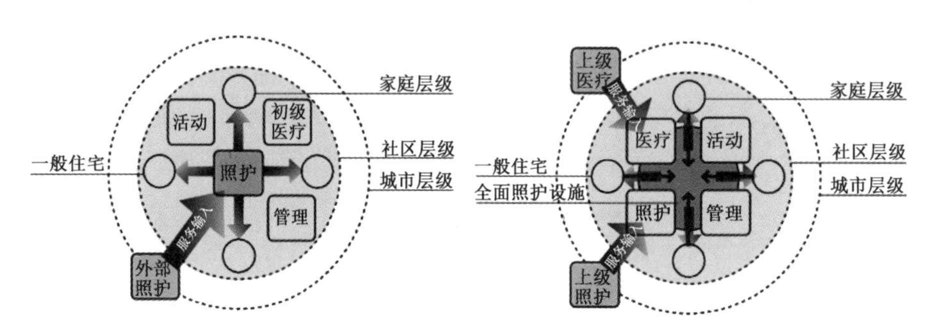

图 6.4 PACE 以及地域包括系统的运行模式

（来源：自绘）

6.1.4 自宅与开放化的养老动向

针对原生住宅居住环境改造的限制和机构养老弊端的反思，欧洲各国产生“去机构化”浪潮与养老机构的家庭化建设的大趋势。所谓“去机构化”，是将传统的养老机构进行两方面的改革：一方面是建设形式更偏重住宅，以“家”的形式给老年人提供能够持续生活到最后的场所；另一方面是摆脱传统养老机构中居住功能与照护服务功能“打包”提供的特点，认为照护服务内容不应根据场所，而应根据人的需求而改变。在英国，从 1960 年起，保护住宅（Sheltered House）作为支持老年人在宅生活的住宅开始由政府大量推行，此举被认为是由封闭的、以机构为中心的社会福利向社区转移的“普遍性（normalization）”思想，因此“去机构化”浪潮的另一特征，是由封闭走向开放。

（1）瑞典

瑞典的“去机构化”是从设施的家庭化设计和照护单位的小规模化（从 20～25 人降为 10 人一组）两个方面进行转变。在 1992 年的 Adel reformen（Elderly Reform）改革中，“特别住宅”的概念被导入社会服务法，一举将传统的养老机构全部冠以“住宅”的名号。《瑞典社会服务法》(*Swedish Social Services Act*)强调从“搬迁式”(即入住者随照护程度改变而转换居住地)转变为“服务匹配式”(即居住点不变、服务随照护程度改变而改变)的长期居住制度,并将入住评估、居住形态费用体系进行统一化。在医疗服务供给方面,ADEL 改革之后,市政府负有特别住居和日间照料中心的医疗职责,包括康复、补助器具,以及医疗责任看护师的设置;由看护师主要执行医疗看护服务,必要时负责与上级医生联系、进行医疗过失报告等,形成了看护师负责的家庭定期访问、注射、终末期照护和癌症晚期等医疗服务体系。这和医院与医生负责的医疗设施内看护及长期诊疗服务一起组成了两级医疗服务网络(图 6.5)。

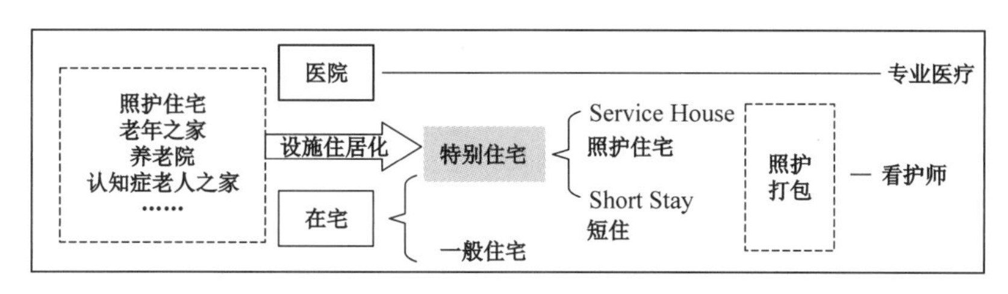

图 6.5　瑞典的老年服务组织架构

(来源:根据资料自绘)

(2) 芬兰

芬兰的老年人服务体系也植根于北欧型社会福利系统,与瑞典相比其服务运营主体更多是民间组织(如一些赌博娱乐组织)资金支持下的非营利组织。芬兰虽然保留了传统机构的框架,但也在由养老院和长期疗养医院等设施向照护住宅(Service House)转变。这种照护住宅是居家和设施中间增加的一个新选项,其由既存的养老院或旧住宅等设施进行改建或新建,一般为一人 40～45 m^2 的居住标准,与一般住宅相比增加了老年人和残疾人所需的必要设备。照护住宅附设服务中心,包含餐厅、泳池、桑拿室、图书室、理发店等,所有功能向社区开放。

在服务方面则是根据个体需求决定提供内容,由各自治体通过税收供给,并由自治体的保健社会福利相关人员与本人及家庭谈话后进行决定,一般包含有针对居家老人的生活照料与健康照看服务,餐食服务(配送、集中提供、上门协助),洗涤、移动、陪护等生活帮助服务,以及日间服务中心(Service Centre/Day Centre)提供的运动或交流等日间活动。此外,为了能支持尽量长时间的家庭生活,还一方面提供住宅改建服务、辅助器械(包括轮椅,拐杖,糖尿病、癌症治疗等一次性器械等)和高品质老年住宅的租赁,另一方面为家庭照护提供者提供经济支援和喘息服务等。在医疗方面,则由各自治体形成独立的两层级医疗服务系统提供:第一层级根据全国划分的 20 个区域进行,由自治体以中央医院、大学医院为中心形成体系和各自治体运营的专门医院组成;第二层级由各自治体的保健中心(门诊和住院,住院部门提供一部分长期疗养病床,有康复、居家看护、齿科、急诊服务的义务)和民间诊所组成。可以发现,老年照护由先前占据中心地位的机构照护向开放式照护(Open Care,即上门照护)方向前进。这种开放式照护的使用者可以使用养老金或从国家得到各种津贴,实际上能够减轻各自治体原先用于设施照护的财政负担,因此从设施照护到开放式照护的转化得到地方自治体的积极支持。芬兰的目标是 75 岁以下的老人 90%能获得必要的居家养老服务，并将设施的使用抑制在 5%～7%(图 6.6)。

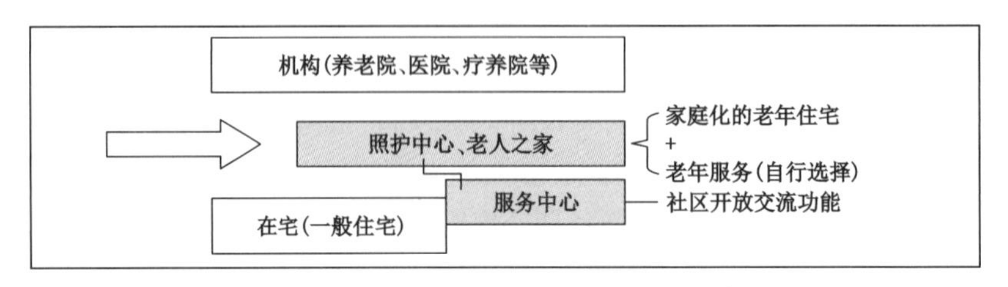

图 6.6 芬兰的老年服务组织架构

(来源：根据资料自绘)

(3) 丹麦

丹麦于 1988 年停止建设护理之家，代之以一般老年住宅和照护型住宅，提出通过“居住与服务分离”的管理体系达到硬件与软件两方面的“去机构化”的目的。照护型住宅是具有 24 小时照护服务的老年住宅，新建或从残存的居住条件恶劣的护理之家进行改建，具有小规模分散的特点，老年住宅入住都需要经由市一级的判定。此外，根据 1980 年代初期老年政策委员会强调的为了能延续老年人的在地生活直至其生命终结，除了要提供照护和医疗等正式服务，还要靠通过为老年人创造社会角色和激活社会交流等近邻、在地的非正式方式，以支持高龄者自身的主体性，为此又相继建设了日间活动中心等社区交流设施。

在服务提供方面，社会服务法规定在宅照护的提供责任为市(Comune)。服务的获取需要通过市的评估，而 2003 年开始施行的“自由选择”，使老年人可以自行选择公共、民间、个人的服务提供者。医疗服务则通过由 2007 年开始的将国内分为 5 个保健地域(Regioner)的做法，每个地域约包含 100 万人，与福利部门分开管理。丹麦对全民实施家庭医生制度，家庭医生与当地居家照护团队共同负责老人的出院护理，即使老人搬入照护型住宅也继续沿用原先的家庭医生，这种情况下家庭医生则与照护住宅的职员合作服务老人护理(图 6.7)。

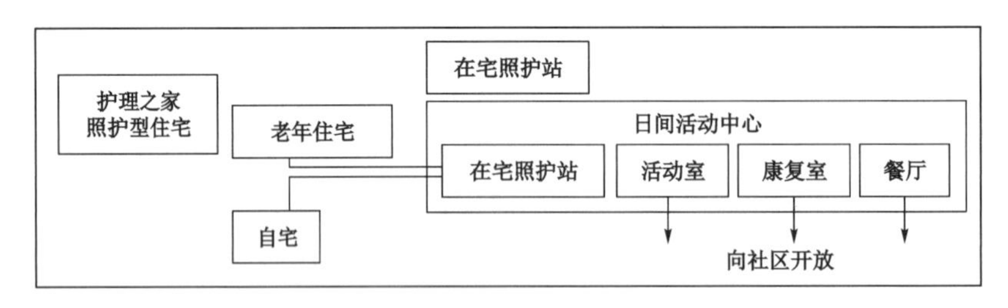

图 6.7 丹麦的老年服务组织架构

(来源：根据资料自绘)

总体而言，北欧这种自宅与开放化的养老动向有以下两个特点。①建筑的无障碍化：家庭化的养老住宅设施，打造合适老年人的住宅环境；及早搬入合适的住宅，一方面防止不合适的住宅产生的居住风险，另一方面希望老人能够自己选择居住环境，而不是被动地搬迁；尽量长时间地维持老年人的在宅生活。②社会的无障碍化：面向社区开放的功能空间，重视住宅社会交流功能的社区开放化。而两种主要养老服务——照护与医疗的提供方式则是照护由外部照护与住宅内基础照护相结合，医疗由外部医疗提供，同时提供社区交流的功能(图 6.8)。

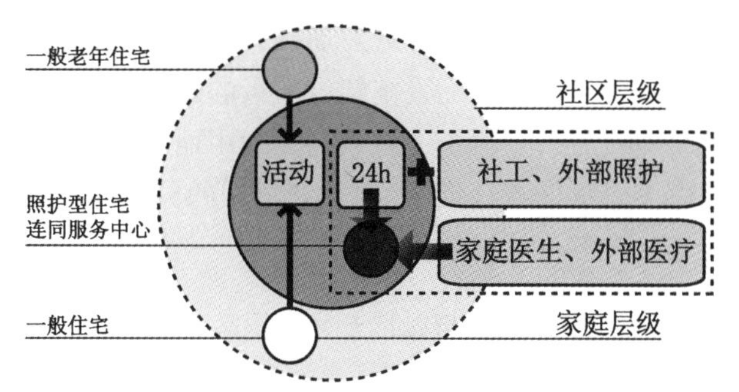

图 6.8 北欧自宅与开放化养老服务运行模式

(来源:自绘)

6.2 基于机制与驱动力的老年服务内容体系

总体来说，构建乡村老年服务体系营建的目标是立足乡村环境的物质与非物质基础，统合家庭、社区与机构的功能，满足乡村老年人六个“老有”的需求，以提高其老年生活品质，进而获得一种有尊严、有价值的生活方式。具体体现在宏观、中观、微观三个层面(图 6.9)。

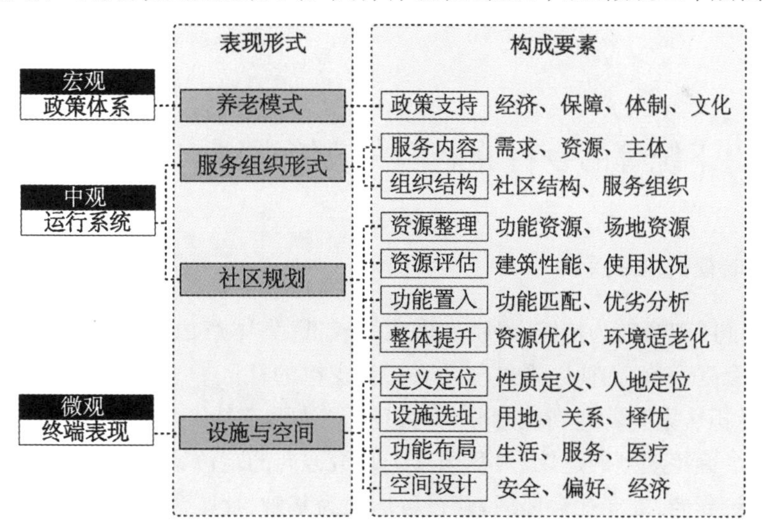

图 6.9 乡村老年建设的构成层级和要素

(来源:自绘)

6.2.1 宏观:依赖政策体系的养老模式构想

宏观上，以国家提出的养老模式为主导，在对机制原理及其内涵的解读基础上，从提供和分配两个过程,经济、保障、体制、文化四个方面完善养老保障政策体系,增强政策制度作为顶层设计的引导性和系统性,并以此形成乡村老年服务体系营建的整体框架,以实现经济、服务、精神、建设资源的统筹利用。以养老模式为表现形式的政策体系主要包括以下几方面:从根本上提升乡村经济发展水平的产业发展支持政策和城乡联动发展政策的推进实施;与老年人分级互动的长期照护和匹配设施建设政策的建立,社会养老与医疗保障政策和城乡保障互通政策的进一步加强;乡村土地政策与养老用地规划的联动,基层管理体制中老年服务体系的嵌入;家庭养老责任与社区、社会养老责任的分担,乡村互助养老的规范化推广,老年人积极老龄化与社会参与的提倡等。

6.2.2 中观:构成运行系统的服务组织与社区规划

中观上,包含虚拟的服务体系架构和实体的社区规划两方面内容。在服务体系架构上,一方面是对乡村老年服务具体内容和工作方式的制订,包括服务资源、服务主体和服务客体需求的整合;另一方面是对服务具体运行过程的制订,要立足于乡村基层组织结构,合理嵌入老年服务的输入、流通和反馈的过程。在社区规划方面,要在既存公共设施的位置与功能基础上,合理规划以及优化乡村老年设施的选址。

6.2.3 微观:作为终端表现的设施与空间设计

微观上,通过定性与定量方法,对乡村老年人这一群体的主客观需求进行捕捉和归纳,在宏观建立的框架下,形成对包括老年设施在内的乡村公共设施的功能配置和空间塑造的设计指导。

6.3 基于上下统筹的乡村养老模式政策支持

6.3.1 乡村养老模式内涵解读

鉴于乡村地区观念较为传统、经济发展水平较低、集体意识广泛存在等原生特点,不少学者都认为以家庭为核心、社区提供公共服务为支撑的社区养老是现阶段乡村最好的养老模式,并能够承担从家庭养老到社会养老的过渡。对此,《中共中央关于制定国民经济和社会发展第十三个五年规划的建议》对我国养老政策方向的定位为"积极开展应对人口老龄化行动,弘扬敬老、养老、助老社会风尚,建设以居家为基础、社区为依托、机构为补充的多层次养老服务体系",而如何在乡村地区落实"居家为基础、社区为依托、机构为补充"的养老模式,需要在充分理解其内涵的基础上,完善顶层设计,搭建乡村老年服务体系整体框架。

首先在居家为基础方面,居家养老首先有场所概念,以"家"作为老年人日常生活的中心场所,同时也包含家庭经济支援和代际供养或交换的经济概念,在对老年人尤其是精神抚慰方面有不可替代的功能。因此居家为基础首先是对家庭养老功能的肯定,但同时也应承认乡村家庭核心化与家庭支持弱化的趋势不会逆转,因此释放原本依托于家庭的部分养老功能，完善社区对家庭照顾的支持，是居家养老模式中不可缺少的部分，同时也要提升乡村老年人的参与能力，主动减少其对家庭的物质和精神的完全依附。其次在社区为依托方面，社区养老由于社区的广泛内涵而包含多层意义。我国的基层社区具有行政管理职责，社区作为乡村地区现行基层组织管理形式，将负责对上层的外部输入资源的统一接收，以及将其与内部资源的统一整合，以形成正式支持网络；同时社区是一种社会学概念，表示乡村作为一个长期形成的生活共同体所能筑成的非正式支持网络。最后在机构为补充方面，机构应当是社区服务的提供地点，既包含接收老年人的机构内服务又包含作为向家庭输出服务的中转站。当前养老机构的主要问题是资金来源和人力来源。资金来源要求机构身份和职能的明确定位。人力可以与老年人的社区参与（志愿者/老年协会）形成互动。

因此“居家为基础、社区为依托、机构为补充”的养老模式，即要求在居家的基础上，分割家庭的老年支持功能，通过家庭之外的支持补足。鉴于管理的可能性、服务的可达性等，以乡村社区作为消化这些可以被分割出来的需求的单位，具体是以社区作为行政组织接收外部资源及整合内部资源，通过社区内的机构提供消化需求的服务。相比城市，乡村地区的特殊点表现为：①从家庭分割出的需求不同；②经济水平制约要求对社会支持更高的利用效率；③正式与非正式支持的配比与组合（图 6.10）。

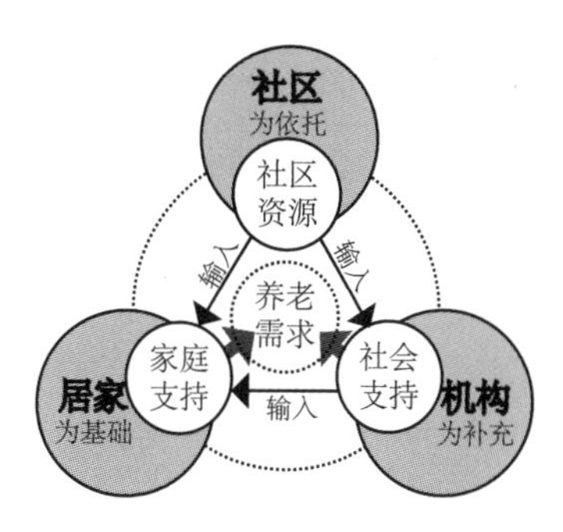

图 6.10 养老模式要求的解读

（来源：自绘）

可以发现，我国提倡的这种养老模式，并非将家庭、社区和机构三个主体分离，相反应当是相互融合与支持的，因此这种养老模式实际上接近“就地养老（Aging in Place）”的概念。就地养老与居家、机构、社区养老概念的关系如表 6.2。

表 6.2 “就地养老”与居家养老、社区养老概念的关系

家庭照护	输入型照护	接近型照护
由家庭成员实施的照护	由照护机构提供的上门服务：生活帮助、上门照护	由照护机构提供的设施内服务：日间照料、设施照护、短住
居家养老		机构养老
社区养老（就地养老）		

（来源：自绘）

6.3.2 乡村养老模式政策支持

在对目前国家提出的养老模式内涵理解的基础上，总结出关键字，并从提供角度的经济、保障政策，与分配角度的体制、文化政策两个角度、四个方面对这种养老模式提供政策支持（图 6.11）。

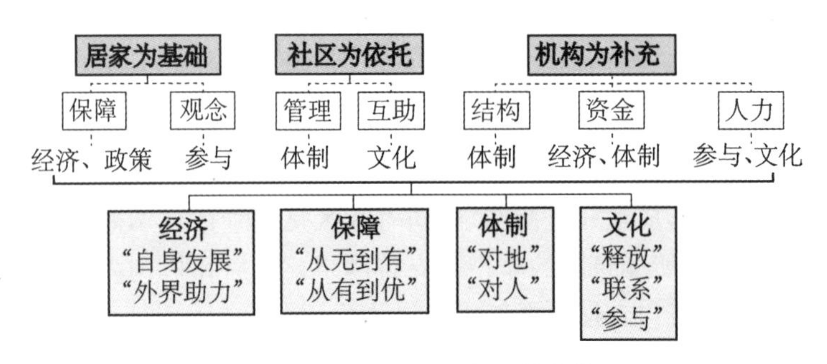

图 6.11　养老模式与政策支持

（来源：自绘）

（1）经济——"自身发展""外界助力"

① 促进农业生产进步。经济水平是一切发展的根本，不断提高乡村地区生产力和经济收入水平，是乡村公共事业发展的保障，而农业更是乡村发展的重点。应当看到，我国农业现代化依然表现出农业资源制约、生产结构失衡、发展质量效益低、农业兼业化等问题。我国目前正处于传统农业向现代农业转变的关键时期，因此应当持续加快构建现代农业生产与经营体系，加快健全农业支持保护体系，持续增加农业投入，完善农业补贴政策，强化农业保险与农产品价格机制，提高单位产量和农产品附加值，拓宽销售渠道等，最终提高乡村集体收入。其中，应当正视乡村务农者老龄化的现象，尤其是针对中高型乡村老年人参与农业劳作比例较高的状况，展开面向老年务农者的培训。还应在鼓励土地流转的基础上发展适度规模经营，并加大投入农业机械化生产，帮助老年人从繁重体力劳动为主的农业耕作中脱离出来，促进"生产性老龄化"的作用效力。

② 促进多产融合与产业创新。现代农业必须以市场需求为导向，利用新型城镇化契机，实现区域化布局、专业化生产，积极利用乡村自身资源发展匹配资源环境的适应性产业，纵向延伸和横向拓展产业链条与功能，打造多业态、多功能的产业体系，并积极探索三产深度互动模式。具体而言，则是要在政策支持下完善细节内容，加快建设多产融合的技术与政策通道，加强从机制创新到落实的制度衔接。

③ 输入式的以城带乡。党的十六大首次提出统筹城乡经济社会发展，开启了破除城乡二元体制的历史进程，随后十六届三中全会将统筹城乡发展作为"五个统筹"之首，十七大又提出形成城乡经济社会发展一体化格局。按照十八大提出的相关要求，要进一步加快推进城乡发展一体化的战略任务，促进规划布局、要素配置、产业发展、公共服务、生态保护等方面的城乡互融和共同发展，逐步实现城乡公共服务和要素配置均等化、城乡居民基本权益和收入均衡化，避免规划上重城轻村。资本、人力、服务等方面更要向乡村倾斜，尤其是在对老年人的照护、医疗服务与设施建设方面。

④ 互利式的以城带乡。以乡村为目的地的旅居养老是以城乡统筹为基础，多效发挥乡村生态与生活价值，提升村民收入，缓解城市养老空间与服务压力，吸引乡村人口回流，同时直接促进养老基础设施建设的一种途径。发展旅居养老，一方面应进一步完善异地就医结算途径和基本医疗保险关系转接办法，出台旅居养老建设用地的划拨、出让、保护等

配套政策，以及土地出让金减免或分期支付等引导政策，鼓励和规范社会资本引入；另一方面，研究旅居老人的特性和需求，合理配置对在地老人与旅居老人供给的灵活性与有效性，并设立相应的服务标准与规划建设规范。直至目前，全国已经出现如以企业为主导、被称为联众模式的台州市九思村，乡村自组织的农家乐向养老地转型的湖州市顾渚村，政府组织下闲置农房向乡村养老地转型的怀柔区田仙峪村等多种类型的乡村养老地实践项目。

(2) 保障——"从无到有""从有到优"

① 建立与乡村老年人分级互动的长期照护政策。长期照护(Long-term Care)指在一个相对长的时期里，给予逐渐失能老人的个人照料服务(吃饭、洗澡与日常生活)、健康照料服务(营养服务、健康管理、护理、服药和康复训练)和社会支持服务(解决洗衣、清洁、做饭、社会活动和与日常生活的工具性活动有关的心理和社会问题)，延缓或避免老年病以及身体损害，保证老年生活质量。人口年龄结构的迅速老化给急性医疗的接收者和提供者均造成巨大压力，因此，通过相对专业的生活照料，将病后治疗转向病前预防，通过对老年人自理能力和疾病状况的评估，以高效地提供包括经济保障在内的多层次的老年服务，是长期照护体系建立的必要措施。我国应当建立植根于现有保障体系的长期照护体系，并在服务种类与定义、联动规范、人力配置等方面制定相关政策。

② 建立以乡村老年人为主体的设施建设规范。将乡村作为独立的建设环境基础，乡村老年人作为独立的服务对象群体，结合老年医学、心理学、社会学等学科基础，区分各类乡村老年设施的定义与针对对象，建立明确、有针对性、可操作的多层级老年设施体系。在老年建筑设计方面，需要考虑对老年人健康状况、行动特点和自理能力的适应性，使设施充分、高效地运转。

③ 进一步提高社会养老保障水准。加强顶层管理的高效化与法制化，鼓励多元社会支持网络参与养老保障事业，疏通老年人参与生产的渠道，加快拓宽适合老年人的收入来源，将政府兜底的养老保障结合老年人自身的土地收入、经营收入、投资收入等共同构成养老经济保障。

④ 进一步加强城乡老年保障互通。城乡老年保障互通不仅增强全社会安全感和凝聚力，还有利于促进人口纵向流动、拉动消费与鼓励创新创业。而养老保障制度在地区和部门之间的碎片化是二元结构体制形成以来的弊病，各保障体系之间冲突和重叠造成资源的浪费，也为人力和资本流动造成障碍。2015 年 1 月 1 日起，新型农村养老保险和城镇居民养老保险正式合并为城乡居民基本养老保险。新农保、城居保的统一表明我国养老保障在打破城乡壁垒、实现城乡公共服务均等化上迈出了一大步。当然，城乡养老保障制度的完全融合(城镇职工基本养老保险制度与新农合)还存在一定困难。1958 年的《关于动员城市医疗力量和医药卫生院校师生支援工矿、农村卫生工作的报告》已经提倡城市医疗资源与人力的下沉。1965 年的《关于把卫生工作重点放到农村的报告》则提出抽调城市卫生人员留任农村工作，组织农村巡回医疗队等缩小城乡医疗服务差距的提议，该报告还规定以医疗为首的公共服务机构"均应分出成套的人力设备，由城市向农村延伸，每个单位包一个至几个县或区"。2009 年的《中共中央国务院关于深化医药卫生体制改革的意见》提出建立城市医院对

口支援农村医疗卫生工作的制度等。总体而言，应不断落实老年保障的城乡互通工作，有针对性地引导城向乡对口补充医疗资源。

(3) 体制——"对地""对人"

① 利用土地政策推进老年支持。农村土地集体所有是我国宪法明确的基本经济制度。改革开放初期实行的家庭联产承包责任制逐步确立了集体土地所有权，以及土地承包经营权"两权分离"的制度框架，促进了集体统一经营、农户承包经营这一统分形式的形成。随着城镇化推进，大量农村劳动力与人口迁移，截至2015年年底，全国家庭承包经营耕地流转占比达33.3%。在这种状况下，2016年中共中央办公厅、国务院出台的《关于完善农村土地所有权承包权经营权分置办法的意见》提出集体所有权、农户承包权和土地经营权的"三权分置"，实现双层经营逐步向"集体所有、农户承包、多元经营"转变。这是在坚持了农村土地集体所有，强化农户土地承包权保护的基础上，顺应土地要素合理流转、提升农业经营规模效益和竞争力的需要而对农村土地产权细分。土地政策作为决定我国乡村社会和经济形态的重要因素，将会直接或间接地影响乡村养老问题的解决。因此一方面要调整，即调整土地流转规模，提高农业的风险防控，加大粮食作物补贴力度，提高田地作为补充新农保的重要养老经济来源的保障作用；另一方面要利用，即利用土地政策提供的利好，灵活促进乡村老年服务体系建设。

② 利用村社区体制推进老年支持。我国农村基层政治体制发生了由"村集体"到"村社区"的变化，农村社区变为与城镇社区形式、层级、性质相同的基层群众性自治组织，是城乡统筹的重要手段。社区化的村庄管理可以使得公共服务下沉，在社区内完结老年村民的公共服务需求。

(4) 文化——"释放""联系""参与"

① 将家庭养老责任分割释放到社区。家庭养老功能的弱化是不可逆转的趋势，如何通过社区资源，补足家庭养老功能的弱点是必须解决的问题。同时，对老年人的生活照护包含了大量重复、琐碎且不能创造价值的服务，造成家庭照顾者心情、时间以及经济上的损失。因此，将一部分照护服务集中由社区提供的专业集约服务统一解决，是减轻照护者负担、为被照护者提供更高生活质量的一种可能途径。在实际操作上，需要进一步从提供者和接受者两方面，了解可以被接受分割出去的具体的家庭照料功能。相应地，公共部门必须采取有效措施积极规划社区的照护体系，让社会支持成为家庭照护中照护者与被照护者两方的有力支撑。

② 提倡发挥非正式照护网络的互助养老方式。我国乡村社区的自助、互助服务历史悠久，如"义舍"和"锄舍"等具备农业生产、社会救济功能的结社。目前，在养老问题上，也已经出现以自助互助作为主要支持手段的乡村"幸福院"这一老年设施形态。互助服务的持续有效运转仍需外部尤其是政策层面上的补助、引导和规范，同时积极重构乡村社会人口结构，实现社区自我运转的良性循环。

③ 促进老年社会参与，减少老人对家庭的精神依赖。老年人养老的三项原则"尊重自主决定""善用自身资源""维持生活能力"强调要将老年人在与社会联系、社会角色、自我认知三个层次从被动体转为主动体，保持自我价值和尊严。因此，应当适度转变当前老龄工作

以物质提供为主的工作重点，重视老年人社会参与平台的搭建和渠道的拓宽，积极依托社会服务机构设立老年人自我管理、教育和服务的站点；进一步发挥老年人才的作用，引导老年人广泛参与文艺、健康等方面的活动，实现“老有所为”的精神需求。应当制定推动老年人职业发展等能够发挥其生活经验、充实其生命意义的政策，如英国在《老年人教育权利论坛宣言》中主张企业、社会组织、教育机构等应当推进老年人职业发展措施，重视老人的生活经验并给予其自我表达和发展的机会，并建议政府制定具体方案发展老年教育，拓宽老年接受教育的渠道。美国的老年人职业发展政策包括为有就业意愿的老年人提供职业教育与就业辅导，鼓励和保障老年人参与政府部门举办的学习训练活动和推荐就业等，同时还在《高等教育法》《成人教育法》和《老年人教育法案》中制定了普及老年教育的政策，鼓励学校、社区和非营利组织为老人提供教育课程等。日本文部省于 1978 年推动地方政府实施“老龄人才开发事业”，旨在充分运用老年人的知识、技能与经验，使其成为社会教育的引领者。1994 年修订了《高龄者雇佣安全法》，主张改善老年人的就业环境、发展再就业的技能训练等。厚生省中央福利审议会提出的《关于老年人问题综合应对措施》则注重老年人学习机会与渠道的多元化，中小学、高等教育机构应积极为老年人提供代际交流、公开讲座、旁听函授等机会。

综合以上，可以对现行倡导养老模式下政策支持的既有部分和尚待补充部分进行总结（表 6.3）。

表 6.3　基于现行养老模式的政策支持的归整与补充

	内容	既有	补充
经济	通过自身与外界助力发展乡村经济，为乡村老年服务体系的建设提供物质支持	● 发展农业现代化，延伸产业链，促进多产结合的相关农业经济政策	● 在已有的农业发展政策大框架下细化经营策略，支持保护和农业补贴等政策 ● 适合老人农业的技术推广和农业机械化、集约化施行政策 ● 农民身份的转移，推动务农人口返乡的鼓励政策
		● 以城助乡，城乡要素配置合理化的相关政策 ● 老年旅游、乡村养老地的初步鼓励推进政策	● 在已有的城乡统筹发展政策大框架下细化资本、人力、服务向农村倾斜的政策 ● 异地养老有关保障、用地、运营、部门间合作，政企业合作等相关政策
保障	从增量化和规范化两方面完善养老保障	● 农村社会养老保障政策 ● 城乡居民基本养老保险统一政策	● 在已有的农村社会养老保障政策上进一步提高保障水准 ● 在已有的城乡居民基本养老保险统一政策上进一步加强衔接 ● 扩展老年人参与经营性活动渠道和收益的相关政策 ● 与乡村老年人分级互动的长期照护政策 ● 长期照护政策之下的服务内容、提供方式、人力配置、设施建设等相关政策

（续表）

	内容	既有	补充
体制	遵从我国现有农村政治体制，布局老年服务体系	● 新型农村土地政策 ● 农村社区化管理政策	● 在已有的土地政策和基层管理政策下细化老年服务体系的建设
文化	推进部分家庭养老责任的社区转移，强化社区互助	● 推进社区老年服务的相关政策 ● 互助养老的鼓励政策 ● 老年社会参与的鼓励政策	● 家庭照护者的责任分担与利益保障政策 ● 居家养老的社区支持在资源调用和组织结构等方面的进一步细化政策 ● 互助养老的进一步补贴、引导与规范化政策 ● 推进、创造、保障老年人积极老龄化与社会参与机会的政策

（来源：自绘）

6.4 基于资源分配的乡村老年服务组织形式架构

6.4.1 乡村老年服务组织形式架构内容

老年服务组织形式是对养老模式及其关联政策的进一步具体解释。目前我国老年服务的发展方向是在居家、社区、机构组合模式下发展互相支撑、互为补充的多元、多方、多类的养老服务。根据前文分析，乡村老年服务组织形式架构的目标应当是建立适应当前我国养老建设方向的，适合当前乡村组织架构的，以实现"基本公共服务均等化"为目标，充分合理利用乡村内外部资源的，针对乡村老年人需求的，全方位、多层级、多主体分工负责的服务提供系统。

首先是内容要求，包括对客体需求、资源内容、提供主体的要求。①在客体需求方面，应在认识对象细分以及细分不同人群在老年服务各方面需求差异的基础上，建立服务内容与对象的匹配机制，并推进相关评价依据和服务供应的制度化与规范化；②在提供主体方面，应理清各个相关主体在服务网络架构中各自的分工和职责，建立面向老年人的正式照护和非正式照护网络；③资源内容则是对村内及城乡资源的整合。

其次是流通渠道，即对浙北地区当下已经形成的乡村基层管理与组织模式进行梳理，将这种认识理解作为架构适应老年生活的公共服务组织的基础，形成与之匹配的乡村社区公共服务网络。

6.4.2 乡村老年服务内容要求

(1)"多类型"老年服务需求探索

① 人群细分与匹配服务机制的建立。老年人需求的多样性和动态性，要求从人群细分、需求建立服务模块到建立相应的社会支持模型。除了老年人自身是否需要照料、是否有

能力负担照料之外，还应将乡村的发展水平、老年人家庭的照料能力纳入考虑。以人群细分作为老年人“养”“医”“学”“娱”“为”的“服务清单”的制订依据与设施准入机制的标准，特别是居家照顾、社区日间照料和机构照顾之间的衔接，并完善相关的服务宗旨、方法、流程、管理、人员要求等。参考已有研究成果与他国现行评判标准，人群细分应从个人—家庭—社区三个层级及被照护者自身特征和照护环境状况两个方面进行评估。在个人层面，应当分为自理能力和疾病情况两方面的评估工作；在家庭层面，对非五保户的家庭经济水平、家庭成员照护服务提供情况等进行评判，以对象家庭的照护能力来决定作为补充的社会支持的内容；最后是在社区层面上，根据村社区的经济发展水平、村集体收入等由上级政府给予不同的财政支持补足(表 6.4)。

表 6.4 基于个体评估和环境评估的多类型老年服务提供设想

评价项目		评价标准	对应服务内容
个人情况	自理能力	《老年人能力评估》(2013)的相关评定标准	根据自理能力提供不同水准的照护服务与设施入住补贴，并安排相应的设施准入
	疾病情况	家人访谈＋医院开具	为特殊疾病老人安排医院病床或特殊设施，如为认知症老人提供认知症设施准入
家庭情况	五保户	《乡村五保供养工作条例》(2006)的相关评定标准	为“五保户”提供基本生活和大病援助，协助职业技能培训以及优先安排再就业，结合自理能力追加额外的照护服务与设施入住补贴
	非五保户家庭情况	家庭经济水平、家庭成员照护服务提供情况	根据家庭情况不同，适当予以经济不补助和照料服务的扩充
社区发展情况		经济发展水平、村集体收入等	根据发展情况不同，补贴适当乘以系数，上级政府也应据此予以不同的财政支持补足

“服务清单”＝个人情况[自理能力(0～3＋设施准入)＋特殊疾病(特殊设施准入 1/0)]＋家庭情况[五保户(1/0)＋家庭照护提供能力*]＋社区发展情况[乡村发展水平*]
*补贴乘以乡村发展系数与财政支持系数

(来源：自绘)

② 细分评判标准与服务内容的制度化。标准化工作是养老服务供给和分配机制的重要基础，推进老年公共服务逐渐从经验向制度化、标准化转变，有助于简化服务程序，降低服务成本，保证服务质量。制度化工作主要从对老年人个人整体情况的科学评定，针对细分人群的具体老年服务供给内容和供给方式，以及两者的对应联系方式等方面展开。对象评估是实施长期照护的重要过程。瑞典的做法是由有照护需求的对象向所在市政府提出申请，经由市政府的相关负责人进行家访，由专家对需求评估，评估后负责人会出具一份针对对象的照料清单，最后由第三方提供服务，并由国家健康福利委员会和郡管理委员会分别负责医疗健康和社会服务的持续监管。日本的做法则是照料服务从医疗保险制度中分离而建立长期介护保险，通过“要介护认定”对老年人自身状况进行判定并以此获得各项长期服务。认定过程需要通过在市町村设置的由保健、医疗、福利等方面的专家构成的介护认定审查会进

行判定以获得相应的服务(图 6.12)。根据直接生活介助、间接生活介助、BPSD 相关行为、机能训练相关行为、医疗相关行为五个分类的分数,通过电脑计分与专家判别两轮的判定,最终得出从要支援 1～2 到要介护 1～5 的认定结果。[①] 中国的情况应当一方面进行整个评定框架和人员配置的制订,如相关负责部门的建立以及与医生的协作等;另一方面推进《老年人能力评估》的乡村适应性以及疾病标准的制订。

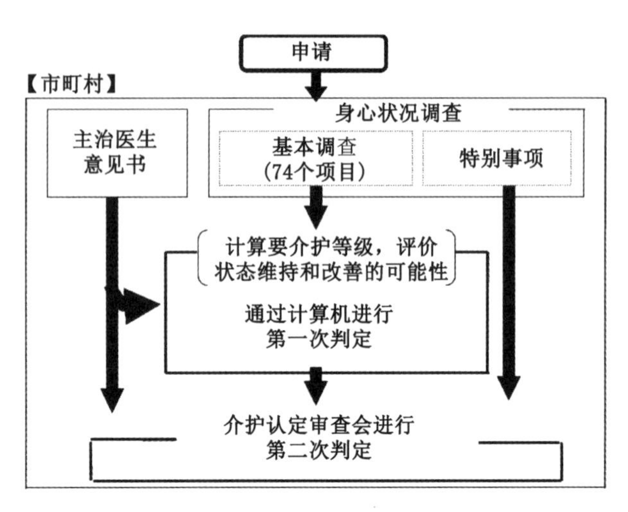

图 6.12　日本老年人介护认定审查流程

(来源:根据资料绘制)

在针对性供给方面,一方面是要科学制订老年服务内容,包括经济保障、居家照护(包括生活帮助、日常照料、设施娱乐、设施机能训练、设施短住、福利用具配置、住宅改造)和设施照护(包括认知症护理、医疗照看、机能恢复、长期疗养),以及持续照护机制与相应建筑形态(包括多类型的老年住宅)的匹配等,这要求更大的调查数据量和其他老年学科的协助。另一方面是要对老年服务提供者进行相关规定,如养老机构服务人员的岗位资质和操作要求等。最后是在服务对象与服务内容的连接上,需要更合理的衔接制度和工作流程,如加拿大实行的 CCAC(Community Care Access Centres)制度,对于居家养老服务与设施养老服务的提供配有一套完整的评价、委托、合作体系(图 6.13)。

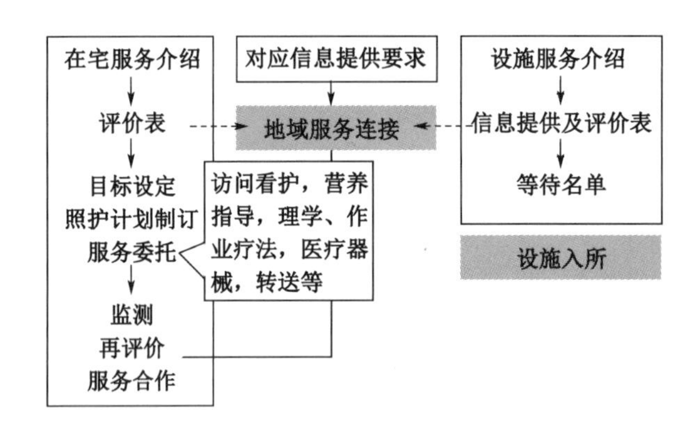

图 6.13　CCAC in Ontario

(来源:根据资料自绘)

① 厚生労働省.要介護認定[EB/OL]. http://www.mhlw.go.jp/stf/seisakunitsuite/bunya/hukushi_kaigo/kaigo_koureisha/nintei/index.html.

综上，针对我国实际情况，可以提出人群细分与匹配服务机制和细分评判标准与服务内容的制度化过程，以及具体的工作流程(图 6.14)。

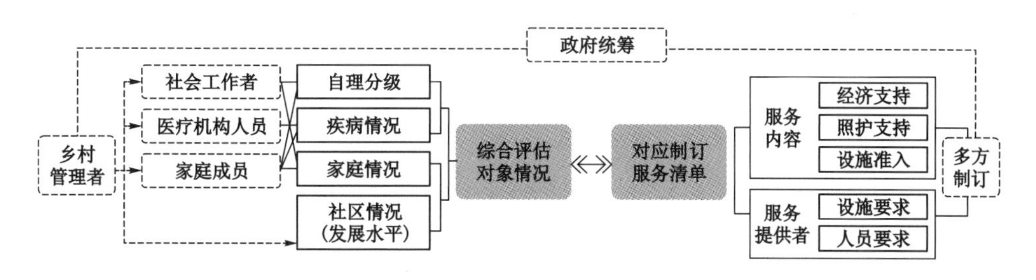

图 6.14 细分—需求—服务工具与工作流程

(来源：自绘)

(2)“多方面”养老服务资源整合

① 有限服务资源的集中利用。乡村地区可获得的基本公共服务资源有限，为了使乡村老年人获得相对高质的老年服务，除了政府加大对乡村投入外，还应该对资源进行全面的有效整合并集中利用。这种资源统合的社区支持体系已经在国外有充分的实践基础，如前述，PACE 在美国社会保险与州制度的框架下，通过 PACE 中心统合了医疗、照护和娱乐创龄等资源。而日本通过在行政地区内设立窗口、地区支持中心等多种方式将地域范围内的人力与服务进行整合、交换、集中配置，并通过分解和定义社区各项功能对地区的规划和整理进行规范指导，达到重组、活化社区的目的。目前，我国社区化的乡村管理体制恰好为这种统合式的地区支持体系提供了便利，以乡村社区作为统合的地域范围，将村民服务中心作为这种地域支持中心，通过综合搭建照护服务、医疗、创龄、娱乐等功能的服务网络，整合形成乡村就地养老的社区养老支持网络。

② 城乡服务资源的优化分配。我国城乡老年问题的差异性很大一部分体现在城乡所能提供的老年支持体系的差异上，包括经济收入水平、教育和发展机会、医疗与服务资源的可及性等，而这种差异更多的是制度和历史因素作用而非市场公平竞争的结果。因此，我国乡村养老问题单纯依赖乡村自身的力量解决具有实现难度，必须依靠城乡共同的力量，统筹规划、统一布局，具体策略有以下三个方面。第一，城乡公共服务资源统一规划。在新型城镇化发展中，应以共同规划、共同建设、共同管理为目标，降低区域间乡村养老设施建设资源配置中的效率损耗，全面提升资源优化配置水平和能力，真正构建起乡村养老保障的城乡统筹机制。充分考虑城镇、乡村之间经济社会发展差异，统筹兼顾，合理分配社会养老资源，逐步缩小城乡老龄事业发展差距，确保城乡老年人共享经济社会发展成果。第二，解除城乡资源共用的行政桎梏。如日本通过“平成大合并”进行市町村统合管理，在合并新区范围内重新配置公共设施资源，通过交通规划增强内部联系，规划重组地方公共设施资源，出台了合并后的老年福利政策，解决了地方行政圈小于居民生活圈的不便问题，各种支援政策也为财政基础薄弱的过疏地区带来了资金，使得过疏地区的公共基础设施建设和使用效率得以提升以应对越发严重的老龄化问题。一些地区还利用此契机实现农业协作，促进农副产品产

业化、规模化，顺应市场变化改变生产重心。大量撤销传统“村制”地方共同体，建设现代地方自治体符合城乡一体化建设需要，打破了公共服务地域，从而跳跃式地推进了城镇化。第三，远程服务平台的扩展。在网络日益普及的今天，网络技术也为公共卫生与基本医疗服务助力。在部分公共服务实在不可及的情况下，充分利用信息平台加以管理，通过信息通信技术为老年人实现在地生活。如日本的一些离岛，由于地理位置特点极度缺乏老年医疗照护，因此当地为老年人搭建了内外两套网络，内网是由亲属和邻居组成的生活与劳作互助网络；外网是由岛外亲属朋友和照护、医疗设施构成，通过远程医疗跟踪信息技术平台的导入，辅以定期访问和往来接送的服务形式，为离岛老人创造相互补充的服务网络。

③ 注重“养”和“医”服务内容的配置。医疗资源的难以获得一直都是老年农民致贫返贫的主要因素。即使是在同比发展水平相对较高的浙江乡村地区，医疗卫生也一直是其薄弱环节。为了加快推进乡村卫生事业的发展，浙江省已经着手进行新型乡村卫生服务体系的建设，并加大了乡镇卫生院建设发展投入力度，但是依然有很大发展空间。首先，加强老年医疗服务在医疗保障政策中的嵌入度。医疗费用负担是阻碍乡村老年人进行及时治疗的最大障碍，因而与保险保障制度的嵌合就尤为重要，如PACE、Medicare、Mediaid以及日本的医疗服务与介护保险，北欧的医疗区块划分与分级诊疗等。我国乡村的老年医疗服务结合医疗保障共同服务于乡村老年人，是乡村医养结合服务展开的前提。其次，推进分层诊疗。根据《国家卫生计生委关于印发医疗机构设置规划指导原则(2016—2020年)的通知》(国卫医发〔2016〕38号)提出的建立整合型医疗卫生服务体系和分级诊疗就医格局的要求，完善城乡医疗服务体系，发展慢性病医疗机构，建立健全医疗急救网络，鼓励社会办医，推进医疗卫生和养老服务相结合，推进区域医疗资源共享。同时，还要促进医疗卫生工作重心下移，促进基层首诊、分级诊疗，为群众提供综合、连续、协同的基本医疗卫生服务。再次，发挥乡村医生作用，推进主导医生(或家庭医生)制度。乡村医生这一我国特有的职种概念在其发展的五十多年来，经历了从赤脚医生到社区全科医生的内涵转变，但是并未改变在当前阶段其作为我国乡村基层医疗卫生服务队伍的重要组成部分的事实。目前对于乡村医生队伍的建设，一方面是将赤脚医生进行整合与制度化，鼓励有足够能力的赤脚医生获得正规行医资质，另一部分未能获得资质的则可以转变其职能；另一方面积极下沉正规医疗力量，使当地医生与派出医生共同完成乡村的医疗需求；同时，还应积极推进主导医生制度，其职责为解决日常病痛、管理负责对象的医疗档案，以及在必要时负责联系转诊，以减少自由诊疗中出现的重复受诊的情况以及由此带来的药剂费的削减，促进慢性疾病患者合理的受诊行动等。最后，发挥自宅病床的作用。我国的医疗与照护的分系统设置为医养结合的养老方式施行造成一定障碍，而相同制度下的法国的在宅入院制度(L'hospitalisation à domicile/Home Hospitalization)提供了很好的参考。在宅入院即将患者的自宅看作医院的病床，患者根据医生处方，通过医生及护理人员的合作，在自宅获得与在医院相同水平的持续治疗服务。服务内容包括化学疗法、疼痛缓和、人工营养法、术后观察、终末期照护、输血等，根据患者状态分短期照护、持续照护、恢复照护。这种做法可以短期集中医疗服务，缩短患者平均在院日数，在削减医疗费的同时平滑过渡治疗期与休养期。在宅入院可以将当地的社会资源当作医疗资源进行更好的利用，是在制度分离下的一种医养结合实现途径。

(3)“多元化”服务主体相互支撑

① 明确政府的主导作用。在正式老年服务的建设中,明确政府承担责任的方式。完善财政投入机制,建立激励地方政府发展乡村老龄事业的机制。政府的职责主要在以下两个方面。其一,制度统领。首先是在倡导社会协同、多方参与、以市场竞争作为有效手段促发展的过程中,必须把握好政府是第一责任主体的统领关系,在与私人部门合作时应当掌握关键权力,以保证基础设施的公益性。其次是政府应当负责为整个乡村老年服务的供给建立政策框架,一方面是横向对政府部门、经济部门、社会部门,以及针对对象的规定与政策引导,如对照护提供的财政支持,包括对设施建设的补助、人员育成的推进、对照护提供者利益的保障、对被照护者的财政支持、养老保障及医疗保障与服务内容的衔接等;另一方面是纵向的全程服务信息系统的建立,对从前期照护内容策划(评估与服务清单)、过程中的每日信息更新,以及事后评价这一全过程中各部门的分工合作方式进行规范。其二,资金投入。包括针对对象的救助、补贴、保险等,也包括对协助对象的工作人员的保障和津贴。同时政府还应该是公共基础设施最大的供给主体,以及企业参与基础设施建设的导航员和护航者。

② 正式老年服务支持网络的加快建设。正式老年服务是通常由政府、公益机构等正式组织,以及社会工作者、医疗健康专家等经过相关训练的专业人员,为老年人提供的具有专业性和稳定性的照料服务。专业性体现在为老年人提供的服务通过系统的策划、分工和评估后具有针对性,且老年病理与生活要求对照料服务有特殊、复杂的要求,唯有专业服务才能够满足;稳定性表现在老年服务的治疗和可持续性上。正式老年服务支持网络的搭建,是在乡村家庭照料功能弱化不可逆转趋势中的必要任务,目前乡村地区正式服务资源整体较为缺乏,需要更多的倾斜和加快建设。

③ 非正式老年服务支持网络的持续作用。非正式老年服务是指经由血缘、地缘或道德关系所维系的非规范性养老服务,其相关资源主体可以区分为家庭成员(包括子女、兄弟姐妹及远亲、姻亲等)与非家庭成员(一般为社区内的邻居、朋友、社会志愿者等)两类。相比正式老年服务,非正式服务是非专业、不确定的,而其特征或是优势更多地体现在对老年人精神心理方面需求的满足上。第一,维持家庭照料的延续。家庭成员尤其是子女照料构成了家庭照料的核心,其他关系则处于围绕该核心所形成的不同层次。一些学者指出,进入1990年代的家庭照料主要问题是如何支持这种照料的持续提供(Dooghe, 1992),因而应当通过不同途径,通过减少照料提供者的负担来维持非正式照料系统(Stone, 1991)。第二,重视社区互助照料服务。1980年代初期丹麦老年政策委员会强调,为了能延续直至生命尽头的在地生活,还要靠通过为老年人创造社会角色和激活社会交流等近邻、在地的非正式方式来补充照护和医疗等正式服务。乡村的“(半)熟人社会”是既有的老年人生活的重要支持网络,在形成和发挥互助服务方面也有城市地区无可比拟的优势。在乡村养老服务体系的发展历程中,互助服务表现为一种补充力量,随政府提供的正式服务的强度变化而消长,有效弥补当政府力量不足与服务供给失能时的空缺。在实际操作时,要注意非正式网络与正式管理的分工协调,尤其是通过加强正式照料体系和网络的建设来发挥非正式照料的作用以及非正式资源的统合管理,如鹿儿岛县大和村制作“与周围人有什么关联”的地图,一方面是对需求的考察,另一方面是对可以满足这种需求的人的考察,最后制订了对于地区内老年

人的帮助内容。而政府在其中的功能是为这种自助、互助的网络提供设施、有用信息以及必要的财政支持等。

④ 多元主体的分工协作。正式照料与非正式照料是互补关系，而非替代关系(Swane，1999)，应当同时发挥正式照护的组织管理作用和互助等非正式照护的协调推进作用。乡村社区的特殊性表现在生产功能更加突出，更具有地缘性和内聚力，更强调自治和自我管理功能，生态地位更重要，这种特性有利于建设政府主导、社会参与、农民主体的乡村社区服务系统。在建设过程中，应当明晰多方主体的权责关系，增强居民的民主参与意识，将下沉公共服务提供的正式老年服务与群众自发的非正式老年服务统合在社区的框架下，建立"自下而上"和"自上而下"相结合的决策机制，构建多方协调的多元化的投资机制。一方面充分发挥老年人所熟悉的家庭、邻里的作用，另一方面在专业人士的指导和协助下为老年人提供更具有专业性和针对性的服务，通过不同服务资源供给主体形成的两种不同服务网络的互补和结合，形成"自助""互助""共助""公助"相互支持的服务提供协作。

6.4.3 乡村老年服务组织架构

(1)乡村社区组织形式解读

我国从2006年开始推进乡村的社区化管理，各地乡村地区根据自身情况通过改制("一村一社")、合并("多村一社")、分割("一村多社")等手段进行从"村委会制"到"社区制"的改革。《中共浙江省委、浙江省人民政府关于推进农村社区建设的意见》(浙委〔2008〕106号)中定义农村社区是"由一定的地域人群、按照相近的生产和生活方式、实行共同的社会管理与服务所构成的农村基层社会生活共同体"，并要求"根据自然文化资源、经济社会发展水平、居民生活习惯等不同情况，按照统筹城乡发展、聚居人口适度、服务半径合理、资源配置有效、功能相对齐全等原则，以县(市、区)为单位，组织编制农村社区布局规划"。根据整理，浙江农村社区建设主要模式可以分为联村社区模式、并村社区模式、村社转换模式和混合模式四种(表6.5)。本书所使用的两个乡村案例在所在范围内都以一村一社区的转换模式为主，部分地区还将乡镇一级的行政单位转化为街道，进一步加强城乡行政组织架构上的衔接。

(2) 乡村老年服务组织导入

如何在乡村社区组织形式上架构公共服务平台一直是政府持续推进的重点。2015年中共中央办公厅、国务院办公厅发布了《关于深入推进农村社区建设试点工作的指导意见》，对农村社区建设提出"构建新型乡村治理体制机制"的明确要求，并强调了"完善村民自治与多元主体参与有机结合的农村社区共建共享机制，健全村民自我服务与政府公共服务、社会公益服务有效衔接的农村基层综合服务管理平台"的建设路径。根据管理组织架构的社区化变动形成的农村社区服务组织架构的重组，几种模式在手段上都是新建立社区服务平台或服务中心，而根据模式不同这些服务中心在村庄整体架构中所处的位置、与其他机构的关系、职责与任务也不尽相同。

表 6.5 浙江农村社区建设的四种主要模式

类型	联村社区模式	并村社区模式	村社转换模式	混合模式
实质	虚拟多村一社区	多村一社区	一村一社区	破村建社区
代表	宁波	舟山	杭州	温州
社区组织形式与服务组织架构	保留“行政村”形式不变，根据地域相近、人缘相亲、道路相连、生产生活相似的原则，将多个行政村组成一个服务单元，统一接受由政府主导的公共服务提供。并未改变原有政治管理体制，而通过“虚拟联合”的方式统一获得公共产品	初衷为“乡政村治”体制下有效勾连国家与村庄这两个治理体系，将多个村合并建立社区，成立社区管理委员会。在此之上发展出与社区管理服务体制衔接的“网格化管理”和“组团式服务”，进行有机整合和双向互动	通过管理机构名称的改变，直接把社区嫁接在原行政村之上，实质上并没有改变原来“乡政村治”格局下的运行机制。通过建立社区公共服务站，逐步下沉公共服务，形成了社区公共服务站、党支部、村委会“三驾马车”的构架	通过“三分三改”彻底打乱小共同体来建设一个新的共同体，使社区与村在管理架构上彻底分离，采取社区党组织、管委会、议事监督委员会的“三会”和社区中心的“一中心”行政架构，以社区自治逐步取代村民自治。这是一个居民具有城乡双重身份、社区具有城乡双重属性的新型社区

（来源：自绘）

虽然社区组织与村级组织在原则上存在很大程度上的重合，但在治理机制上则大体上遵循社区作为服务单位，村庄为实质治理单元的理念（任强、毛丹，2015）。可以发现社区制度与行政村及其村民自治制度互相掣肘的现象并不少见，如社区两级公共服务网络在提供跨村公共服务设施时会陷入政府、农村集体、私人利益难以协调的局面。相比之下，村社转换模式的优势在于不增加管理及变动的成本，使得农村社区管理队伍和村管理队伍之间不会产生多余的矛盾，在公共服务方面的建设和架构也较为简单，一般通过建立社区公共服务站，用于承担上级交办的涉及居民利益的社区事务性工作以及便民利民综合服务等，把城市公共服务逐步下沉到农村。社区公共服务站与村党支部、村委会形成“三位一体”的社区管理模式。

综合乡村老年服务内容的要求与基层管理架构形式，以及对老年需求的分化整合，村社转换模式下的公共服务组织架构应当具有以下特点。一、社区设置与建制村合一，村两委会的自治、管理与社区服务职能合一，依托社区公共服务大厅，为社区成员提供生产、生活的基本公共服务和市场化服务。二、通过社区公共服务中心统筹管理村民的经济生产、文化教育娱乐、医疗卫生和养老保障等公共服务内容。在医疗卫生部门下设老年医疗中枢，负责包括上门医疗与设施医疗在内的老年医疗服务与疾病记录档案工作；在养老保障部门下设老年服务中枢，负责联合医疗记录建档评估、社区内老年服务设施的统一管理以及照护服务的提供；老年医疗中枢与老年服务中枢，同时统合村内经济生产、文教娱乐，以及医疗卫生等服务，共同构成乡村老年正式服务网络。三、中心之下，以自然村为单元，依托自然村公共设施设立老年服务点，由服务中枢直接管理。自然村提供易便型的公共服务，社区提供难重型的公共服务，辅以互助等非正式服务，两级公共服务平台长短结合、有机勾连。从乡村整体层面上看，遵循前文所述多层次、多方面、多元主体的服务体系建设原则，建立完整的乡村社区公共服务体系，其相互关系包括管理、服务流动(输入与输出)、反馈与协作(图 6.15)。

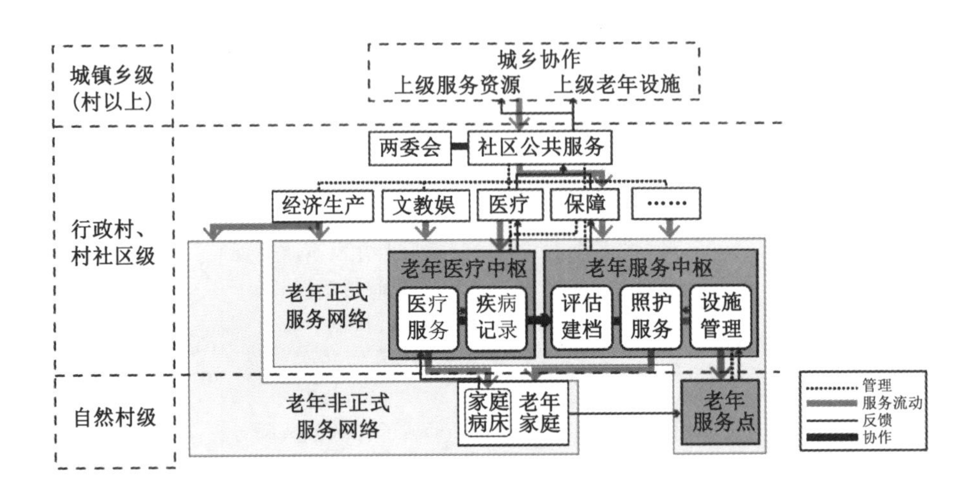

图 6.15　村社转换模式下的老年服务组织架构

(来源:自绘)

6.5　基于要素统合的乡村老年设施规划定位

6.5.1　扩大定义——以村域为范围进行整体考虑

过往实践已经证明在老年设施中做加法，即尽量多地加入医疗、儿童福利、各种功能，看似考虑了方方面面，但实际上是一种避重就轻的做法，最终会造成资源浪费或建设与使用的巨大落差。因此本研究提出通过减法、乘法，即从乡村全体考虑，注重设施功能的弹性化，多设施之间功能的相互辅助，以及在乡村范围内对公共空间功能的整合和目标老年设施的功能拆分，缩减、并用功能，提高对有限资源的复合利用率。

(1) 资源认识

首先应当认识村域内的建设资源以供调配。建设资源包括作用于公共设施为主的功能资源，以及作用于景观、户外空间等的场地资源。

① 功能资源。功能资源主要是指乡村中已建成或要求建成的公共服务设施中满足老年人某方面需求的功能，应当考虑进行借用。《乡村公共服务设施规划标准》(CECS354—2013)中将村公共服务设施定义为“服务乡村居民物质生活和精神生活，独建或合建的公共服务建筑设施”，可按其使用性质分为管理设施、教育设施、文体科技设施、医疗保健设施、商业设施和社会福利设施等。该规范对不同规模村庄公共设施的配置要求和面积指标进行了指导(表 6.6)。

表 6.6 各类公共设施配置要求与面积指标

设施类型	设施名称	配置要求				面积指标（m²/人）			
		特大	大型	中型	小型	特大	大型	中型	小型
管理设施	村委会	●	●	●	●	0.60～0.80	0.40～0.80	0.40～0.60	0.20～0.40
	经济服务站	●	○	○	○				
教育设施	小学	●	○	○	○	0.80～1.10	0.60～1.00	0.50～0.80	0.40～0.60
	幼儿园	○	○	○	○				
	托儿所	○	○	○	○				
文体科技设施	技术培训班	○	○	○	○	0.50～1.00	0.45～0.80	0.40～0.60	0.30～0.50
	文化活动室	●	●	●	●				
	阅览室	●	●	●	●				
	健身场地	●	●	●	●				
医疗设施	卫生所、计生服务站	●	●	●	●	0.18～0.20	0.15～0.18	0.12～0.15	0.10～0.12
福利设施	敬老院	○	○	○	○	0.15～0.20	0.10～0.20	0.10～0.15	0.05～0.10
	养老服务站	●	●	●	○				

注:● 为应设,○为可设

* 村规划人口规模分级:特大型＞3 000 人,大型 1 001～3 000 人,中型 601～1 000 人,小型≤600 人
* 村公共服务设施用地占建设用地比例:特大型 8%～12%,大型 6%～10%,中型 6%～8%,小型 5%～6%

（来源:根据《乡村公共服务设施规划标准》自绘）

根据实际情况,本研究仅对大型与中型乡村进行讨论,相关部门对大中型村落应设的公共设施的功能作出了明文规定(表 6.7)。这些设施具备的功能为养老所需功能提供了有益的支持。

表 6.7 大中型乡村应设公共设施的功能配置要求

设施名称	功能组成
村委会	村民委员会、村总支部委员会、村务监督委员会、经济合作管理委员会、便民服务中心等
文化活动室、礼堂、中心	《浙江省农村文化礼堂建设实施意见》 专业活动用房,展览、阅览用房,观演用房,健身活动用房,科技、信息服务用房,管理、附属服务用房等 《镇(乡)村文化中心建筑设计》
阅览室、农家书屋	在行政村设立,阅读、视听书报刊和音像电子产品 《关于印发〈农家书屋工程实施意见〉的通知》

（续表）

设施名称	功能组成
健身场地	一块混凝土标准篮球场，配备一副标准篮球架和两张室外乒乓球台 《关于实施农民体育健身工程的意见》体发〔2006〕13 号
卫生所	原则上一个行政村设置一所村卫生室，建设规模不低于 60 m^2，至少设有诊室、治疗室、公共卫生室和药房。登记的诊疗科目为预防保健科、全科医疗科和中医科。不得设置手术室、制剂室、产房和住院病床 《村卫生室管理办法（试行）》（2014）
养老服务站	照料中心：依托农村社区服务中心。生活服务、保健康复、休闲娱乐及辅助用房 老年人口信息登记、养老服务需求评估、生活照料服务、配餐就餐服务、康复保健服务、文化体育服务及其他志愿服务 居家养老服务站：建筑面积一般在 80 m^2 以上，为农村居家老年人提供养老服务需求评估、生活照料、休闲娱乐、配餐就餐及其他无偿、低偿服务。老年人口较多的农村社区（行政村）应积极创造条件开办老年食堂 《农村居家养老服务设施建设三年推进计划（2013—2015 年）》

（来源：根据相关规范自绘）

② 场地资源。场地资源指可以用于容纳老年服务的村内空间，包括闲置建筑、村域开放空间等。由于历史原因造成乡村公共设施闲置的情况并不少见，如中小学、合作社、旧工厂，甚至老年设施本身等，国家也提倡积极利用这些闲置设施，将其作为包括养老在内的新功能的容纳场所。

（2）状态评估

建成设施在实际情况中不都保有理想的建筑状况，且一般面向的是全年龄的人群，而建筑状况关系到老年功能置入的可能性与经济性，使用状况关系到老年人群体利益与其他群体利益的冲突和协调，因此评估设施本身的建设状况和使用状态就显得十分必要。由于与现实紧密关联，规划往往根据实际情况的不同，在具体评估方法和结果上都具有很强的自主性（图 6.16）。

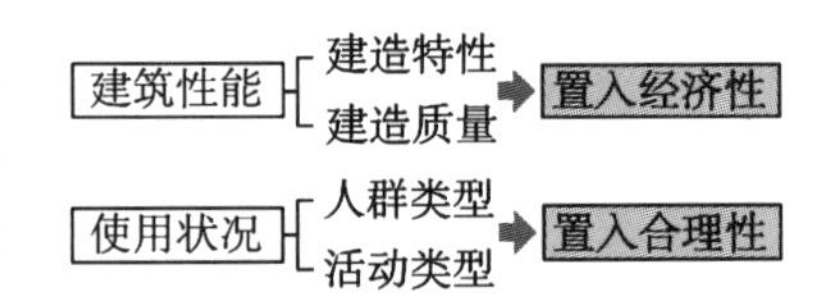

图 6.16　乡村设施的老年功能置入评估

（来源：自绘）

① 建筑性能。对应闲置建筑，有时候改造未必比推倒新建更具有经济性，因此应对设施建筑本身的建造特性（如面积、层高、窗地比等）和建造质量（建造年份、基础情况、结构情况）等进行评估，同时核算其改造的经济性。

② 使用状况。在有条件的情况下，应当对一个时间段的设施使用情况，包括每日总使用人数，使用人来源、交通方式、年龄与性别构成，以及具体到一天中各个时段的被使用时间、人数与活动内容统计，同时根据该设施中活动的特性，来判别对同一设施错峰使用的必要性以及具体方法。如行政、医疗、商业、运动、文化设施等，使用者为全人群，因此应当区分不同人群的利用特征（时间、目的）进行包容性设计；教育设施应当进行基于活动特征的小范

围适老支持设计；宗教、商业设施应当增强为老设计；而部分专门针对老年人却荒废的老年设施，则应当重新分配资源（表 6.8）。

表 6.8　对于公共设施使用状况的评估和策略导向示意

实际使用特征	可能的设施类型	策略
全人群	行政、医疗、商业、运动、文化	针对不同的利用特征（时间、目的），开展包容性设计
其他人群为主，老年人参与	教育	基于活动特征的小范围支持设计
全人群→老年人为主	宗教、商业	增强为老设计
老年人→荒废	部分专用老年设施	重新分配资源

（来源：自绘）

6.5.2　物尽其用——将老年设施视作公共设施的针对性补充

根据“六个老有”的要求，老年功能模块有照护服务模块、医疗服务模块、经济服务模块、教育服务模块、文娱服务模块与尊严实现服务模块。在现有公共服务资源的基础上置入老年功能时，应当从重复功能的合并、相近功能的临近布置、老年人多用功能的临近布置等几个方面进行操作，同时考虑便利性与可达性等老年人使用上的偏好。因乡村建设情况千差万别，因此首先需要对村庄现有设施进行认识和评估，之后再根据情况进行功能的针对性补充（新建），新建的功能模块空间需要满足内部连接。如医疗模块可在卫生室原有功能的基础加上老年人需要的医疗功能，如上门医疗派出准备室、专科护理室、紧急医疗交通，同时也要注意到老年功能置入的优点和难点（表 6.9）。

表 6.9　老年功能置入的优点与问题

服务模块	村内资源	优点	难点
经济服务模块	村行政设施：村委会	● 行政管理上的便利 ● 提高设施利用效率	● 村委会的重新布局与适老化设计
照护服务模块	福利设施：敬老院、养老服务站	● 相似功能的置入，具有先天优势	● 原设施因选址或建筑形式造成的使用问题依然无法得到解决
医疗服务模块	村卫生设施：村卫生室	● 医疗作为乡村基建投入较大的稀缺资源，可集约利用，统一管理，提高运转效率	● 老年人与其他年龄层的人群的使用冲突 ● 需要进行老年医疗功能的扩建 ● 最好与老年设施就近设置，故在选址上有一定的制约

（续表）

服务模块	村内资源	优点	难点
教育服务模块	村文化设施：文化活动室（文化礼堂）	● 在老年人使用频率不高的情况下，提供足够的教学讲座场地，避免重复建设	● 需要加强设施适老化设计与使用时间安排
	村文化设施：阅览室	● 在老年人使用频率不高的情况下，提供日常读书学习设施，避免重复建设	● 需要加强设施适老化设计与使用时间安排（尤其在老年人有聊天、休息等异用行为的情况下）
	宗教设施：寺庙、教堂	● 更有号召力和宗教团体凝聚力 ● 使用人群较为单一，不易产生冲突（目前以老年人为主）	● 只适用于宗教老年人群的教育活动 ● 村内宗教设施规模一般较小，有可能需要扩建
文娱服务模块	村文化设施：文化活动室（文化礼堂）	● 在老年人使用频率不高的情况下，提供室内集中排练、演出的场地，避免重复建设	● 需要加强设施适老化设计与使用时间安排
	村文化设施：健身场地	● 提供老年人室外舞蹈及体育活动的场地，并有利于与其他人群"看与被看"的互动	● 需要加强设施适老化设计与使用时间安排
	宗教设施：寺庙、教堂	● 提供日常类和节日类宗教文娱活动的场地	● 需要加强设施适老化设计
	商业设施：小卖部	● 顺应老年人生活偏好，提供公共交流与棋牌活动场地	● 需要对设施进行评估并进行相应适老化设计
尊严实现服务模块	村文化设施：文化活动室（文化礼堂）	● 提供老年人展示自身的场地，包括现场展示和墙面展示，避免重复建设	● 需要加强设施适老化设计 ● 需要领头管理者
	展示栏等其他村内设施	● 提供老年人展示自身的场地	● 展示栏的投放位置需要慎重考虑

（来源：自绘）

6.5.3 整体提升——营造老年宜居的乡村社区

(1) 资源整合化

确定以老年服务中枢为中心的老年日间中心，以及以老年医疗中枢为中心的老年协养中心作为乡村养老服务设施的针对性补充（图6.17）。

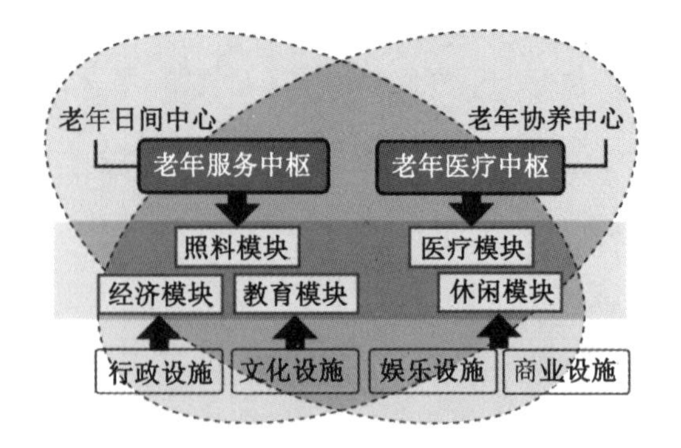

图 6.17 乡村公共服务资源的整合化

（来源：自绘）

(2) 环境适老化

环境的适老化改造分为三个层面：公共设

施，住房以及社区环境(表 6.10)。

表 6.10 针对乡村情况的适老化改造重点

<table>
<tr><th>环境适老化</th><th colspan="2">适老化改造措施</th></tr>
<tr><td>公共设施的适老化</td><td colspan="2">主要从减少老年人移动负担和防止跌倒风险两方面进行适老化改造。置入的老年功能尽量放在被置入设施的一层。如老年经济服务办公室和服务中心最好放在村委会一层，在不可避免放在二层的情况下，需要进行楼梯适老化改造。在改造中无法改变楼梯尺寸的情况下，保证踏步高度一致，并在台阶外缘有显著示意线，台阶结束时有明确铺地变化。尽量消除建筑内部不必要的高差，尤其是小于一个台阶高度的地面高差。在空间高度变化的位置通过软装等进行示意</td></tr>
<tr><td rowspan="2">住房的适老化</td><td>自宅适老化</td><td>对已建成住宅进行适老改造，尤其是对可能引起身体损害的风险进行改造，主要是卫生间、厨房、睡眠器具的置换和增加扶手等，并对住居内的物理环境提升提出建议。加大宣传居住环境对老化过程以及老年病预防的重要性。对新建农宅系统地指导，主要从无障碍、色彩、布局，以及未来可能出现的适老化转用等方面进行引导</td></tr>
<tr><td>老年住宅建设</td><td>提供多样化的老年住房类型，如独立居住住宅、辅助居住住宅、疗养室等，以村落为天然范围形成持续退休老年社区</td></tr>
<tr><td>社区环境的适老化</td><td colspan="2">多样化的交通选择，优化与完善乡村步行系统环境，倡导交通导向性开发，土地混合使用使得单趟出行可以满足多种要求；在道路交叉口适当设置座椅和遮蔽物增加交往空间(乡村生活景观的发现，给予老年人“观看者”的位置)，营造社区场所感；采取生态规划措施保护乡村开放空间，致力于创建紧凑有序的乡村发展模式；鼓励老人参与社区交往环境的改造</td></tr>
</table>

(来源：自绘)

6.6 基于使用者的乡村老年空间化设计策略

6.6.1 恰居其位——确定老年设施的定义与定位

根据村庄类型以及老年人的需求，完成对乡村养老设施在管理系统、环境系统、使用者系统的定位。其中，管理系统定位是设施在行政架构中的位置，表现为机构性质；环境系统定位是与其他公共设施分担服务的关系，表现为功能侧重；使用者系统定位是根据一定发展水平的乡村中老年人的特性和需求进行针对性设计。整合各类定位，提出将乡村老年设施的基本型分为日间活动中心和老年协养中心两类，辅以共融生活社区、认知症障碍设施与商业疗养院。其中，能力完好老人与轻度失能老人以疾病的早期预防为主，基本型对应设施为日间活动中心；中度及重度失能老人以通过环境设计尽可能保持当前身体状态，阻止身体机能的进一步恶化，促进精神的愉悦和满足为主要目标，基本型对应设施为老年协养中心。基本型设施的具体建设标准和规模应适合村落发展水平。而对于个人经济状况较好的老人，可以提供提升型设施，包括共融生活社区、疗养院及认知症康复中心(表 6.11)。

表 6.11 人群细分与对应设施

自立程度	能力完好	轻度失能	中度失能	重度失能
目标	预防为主		保持为主	
基本型目标设施 (根据村落发展水平)	日间活动中心		老年协养中心	
提升型目标设施 (根据个人经济状况)	共融生活社区		疗养院、认知症康复中心	

(来源：自绘)

(1) 基本型

① 日间活动中心。日间活动中心由老年服务中枢和老年服务点构成。老年服务中枢是日间活动中心的核心，主要实施管理和协调的机能，包括"评估建档"，即对村域老年人身体能力等级的评定以及健康资料进行统一管理，与村行政机构协作对老年人实行不同的经济保障和服务政策，并进行相应服务清单的制订；"服务统合"即负责接收与反馈上层照护服务资源，把上级从城—镇—乡的公共服务逐步下沉到乡村，另一方面根据对象、方式、地点进行服务的分配；"设施管理"即对村内的老年设施的建筑、器具使用情况进行定期检查护理。由于老年服务中枢实际主要做文书类工作，因此可以与村行政机构并设，甚至在人员上也可有所重叠。对应配置的管理机构负责两方面的工作，一是照护分管，负责能力等级的测定和健康资料的管理；二是老年活动推进分管，负责针对不同设施传达、组织学习、文艺、健康方面的活动，应与村经济组织协作，提供渠道发挥老年人生产与创造能力。

日间活动中心的下级设施是位于各个自然村内的老年服务点，根据实际情况，建议利用自然村内原本老年人自发聚集的小卖部等场所形成服务点，强化调研中所总结的老年人的空间偏好，如注重景观和开口部位的对应、增强顶部与竖向围合的领域感、鼓励通过自带座椅等形成空间的亲近感。同时，还应增加疾病预防的宣传和认知症的防止、康复器械等功能，并通过管理整合，组织相互照顾、收集上报该自然村老年人的反馈，使其成为上下情况互通的枢纽、自然村社区的老年人信息网中心。可以将一部分的管理权和服务收益权转交于服务点的管理人，并以此周转运营。有关自然村通过小卖店形成养老服务点，可以在地域包括支援中心引导下，利用移动贩卖和小卖店组成老年人"发现(初期认知症特征)、联络、互相关照"的地域关怀网络，具体是对老年人提供购物建议，对一段时间不前来购物的老年人进行探访，对老年人表现出的异常现象通过当地的民生委员进行密切关注等。总体而言，老年日间活动中心面向相对广泛的乡村老年人群，职能为日间活动、沟通互助、疾病预防，具体功能设置根据需求在不同发展程度的村落中稍有不同。

② 老年协养中心。老年协养中心主要针对中低、中高型村落中五保或非五保、中度及重度失能、非认知症老人。老年医疗中枢是老年协养中心的核心，应当根据实际情况提供设

施内医疗看护和结合自宅病床的上门看护服务。但是同时也要意识到当前我国即便在城市地区解决非自理老年人的问题都还十分困难，因此在经济水平较低的乡村地区，经济与人力问题将更加突出。现阶段可以在三个方面尝试适当扩展卫生室职责：一是在老年人经常光顾的时间段在卫生室定期开设疾病预防等相关讲座；二是增加针对乡村老人的老年病专科；三是针对重症瘫痪老人进行定期上门看护。

(2) 提升型

① 基于乡村旅游业、异地养老产业的多主体共融生活社区。多主体共融生活社区的设置基于两点，一是中低型村落老年人的需求调查结果；二是在观察和文献调查中，乡村老年人与子女分居的事实和意愿比例均高于预期。贺雪峰以农民的“认同与行动单位”将中国乡村类型分为华北分裂型村庄、华南团结型村庄与中部分散型村庄，所对应的村庄社会结构分别为小亲族或户族、宗族、核心家庭。可以发现浙北乡村为分散型村庄，以核心家庭为认同和行动单位，原子化程度较高。这无疑将使得老年公寓这一分割家庭共居的设施形式在浙北乡村不仅有需求，还具有一定的可行性。健康生活社区的理念为自助互助、城乡共融、活跃自立的小社区，应当针对具有一定经济基础或产业发展需要的村落中五保或非五保、完全自理、非认知症老人，并考虑城市老年人的入住，尤其是引导养老观念较为先进的老人形成“自住”“自立”“开放”的老龄化观念。这类设施选址上以景观和居住舒适度作为导向，在功能上侧重老年居住功能，主要提供较自宅安全的、更适应老年人特点的、更具有团体活力的住宅，同时提供一定的活动设施，可以根据能力完好型老人的一日生活特点，统一进行定期或不定期的娱乐、医疗检查等活动安排。开发方式可以由村内主导，也可以积极吸引外界投资，日常生活费用由入住老人共同负担，政府给予本地入住老人一定生活补贴。在服务上，以精神、生理方面的预防，以及自助、互助的日常照护为主，建立与医疗机构的紧急联络关系，未来在可能的情况下也可以购买上门服务机构提供的派出服务。

然而，这种并非在自宅中居住的方式如何在消除“养老院”概念的基础上支持老龄化是必须首先考虑的问题。因此在有条件发展乡村旅游业的村落中，可通过与旅游居住设施共建的方式提供住宿，通过互助或配备一定工作人员(有条件者)，同时给予乡村老年人一定的“工作岗位”，如保洁、土特产销售等，积极以此为据点推进老人创收的渠道以增加该设施的自造血功能以及增强老年人的自我满足感，使老年人重新回归社会网络，达到双赢的目的。孤寡老人甚至可以将自己的房屋托管“置换”，作为民宿。

② 基于总体公共服务业发展的专业老年服务及机构。除了以上应在行政村内设置的老年设施之外，还应单独针对认知症患者，以乡为单位设置认知症障碍设施，入住人员通过行政村(日间中心)进行上报、准入和补贴，并联合相关医学单位研究乡村老年人的认知症康复特点进行设计。此外，还可在乡及以上层面设置商业型的养老院，为有需要又可以负担的乡村老人提供养老服务和场所。五保与非五保应当只作为一种补贴获取的依据，而不应该成为适用不同设施的依据，避免人为隔离五保与非五保老人以及相应的养老资源。根据以上内容，对乡村老年设施的类型，适用的乡村类型与针对人群类型定位，以及机构性质、功能侧重进行总结(表 6.12)。

表 6.12 乡村老年设施类型、定义与定位

设施类型		定位		定义	
		范围	人群	功能侧重	机构性质
基础型	老年日间活动中心(站)	自然村、聚居点	完全自理、轻度失能、无认知症	照护[经济服务、上门服务(中低型)、设施日间服务(中低型)]、医疗、精神[教育、娱乐、尊严实现(中低型)];以服务功能为核心	行政村统一管理,包含中心村服务中枢与自然村服务分点。自然村分点可依托小卖部建设并可委托管理,行政村机构定期对自然村设施进行检查,同时负责上级输入服务资源的周转。政府为本地老人提供一定服务补贴
	老年协养中心	村	中度失能、重度失能、无认知症	照护[经济服务、上门服务(中低型)、设施日间服务(中低型)]、医疗、精神(教育、娱乐);以医疗功能为核心	行政村统一管理,政府根据老年人身体能力情况为本地老人提供一定服务和医疗补贴(长期照护政策)
提升型	多主体共融生活社区	村	完全自理、部分轻度失能	设施长住与设施短住	行政村内,可以由外来资本投资建设,也可由村内组织形成产业,由村级组织及外来投资者统一管理,政府提供本地老人一定入住补贴
	认知症康复中心	乡	认知症患者	—	设置于乡。行政村统一上报,政府为其提供一定康复与生活补助(长期照护政策)
	疗养院	乡及以上	有需要的老人	—	设置于乡或以上,具有商业性质,费用来源于个人商业保险或自费

(来源:自绘)

6.6.2 适得其所——确定乡村环境系统中的老年设施的选址原则

(1) 明确用地

明确老年相关建设的用地来源和规则是进行选址布局的基本要求,尤其是对于乡村,用地性质决定了设施新建、加建、扩建的可能性。2015 年 1 月《浙江省社会养老服务促进条例》中规定养老服务设施建设用地应当纳入城乡规划、土地利用总体规划和年度用地计划,优先保障其建设用地。对于新建住区,应当按照相关标准,建设养老服务用房,并与住宅同步规划、同步建设、同步验收、同步交付使用;对于既有住区无养老服务用房或者现有用房未达到建设标准的,应当通过购置、置换、租赁等方式解决。

(2) 功能定址

根据可以利用的服务资源位置点,确定其与村内其他公共设施的位置关系。

(3) 偏好择优

根据老年人喜爱聚集空间在村庄中的位置特征进行选址的择优，包括可达性、景观点（自然风景——精神导向的）、交叉点（街景、偶遇——精神与交往导向的）、临近点（功能、偶遇——便利与交往导向的）等。

根据以上几点确定设施选址原则（表 6.13）以及关系示意（图 6.18）。

表 6.13 乡村老年设施的选址原则

设施类型	用地明确⟶	功能定址⟶	偏好择优
老年日间活动中心	若原有居家养老服务中心等设施，且建造和位置条件较好，则尽量原址进行改造建设；反之则需要按照原则重新规划选址。而在自然村内则可尽量利用小卖部进行扩建	由于其服务中枢的性质，需要与行政设施、医疗设施等进行紧密合作，因此不宜设置离这些设施过远	交叉点、临近点，以便利性作为导向进行选址，尽量设置在村公共设施组团内，并具有良好的可达性和可识别性
老年协养中心	主要需要对卫生室进行一定扩建，可协调用地	近卫生室、日间照料中心，对机动车交通的顺畅有一定要求	临近点，以功能为主要导向。应与公共组团，尤其是卫生室保持紧密临近关系。应利于机动车出入
老年健康生活社区	一般需要单独新建，行政村内规划和预留养老建设用地	与村庄其他公共设施无必然关联，对外公共（公交站点）、私人交通要较为顺畅	具有良好景观优势的景观点为第一选择。以环境作为导向进行选址，考虑未来城市老人的入住

（来源：自绘）

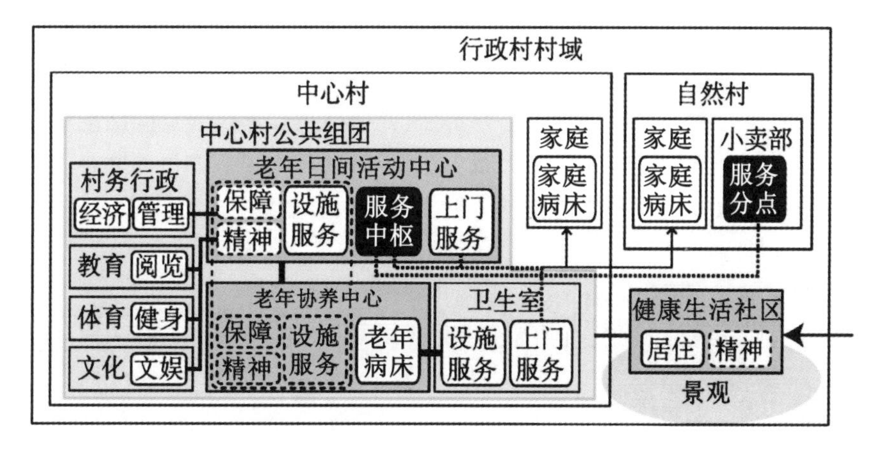

图 6.18 几类老年设施选址及与村内环境关系示意

（来源：自绘）

6.6.3 内部统合——基于功能模块的设施布局

(1) 老年日间中心

老年日间中心主要包含照护服务模块和以预防、通报为主的医疗服务模块，辅以经济服务、教育服务、娱乐服务和尊严实现模块。可以将经济服务模块以及照护模块中的文字档案工作(如办公管理、咨询评估、档案保存等)作为村委会的一个部门加以设立;医疗服务模块应当利用卫生室资源,以宣传、预防为目标,提供预防器械与康复器械;同时,在有条件的情况下提供上门服务派出和设施服务,设置上门服务评估管理谈话室、派出人员休息准备室、老年公共浴室、老年食堂、午间休息室等。在行政村级别,利用小卖部等设置服务站,提供可供休息的灰空间,以及棋牌、食堂等功能,有条件的可增配室内的休息功能(躺椅)。这样一方面减少老年人适应新环境的压力,一方面鼓励村民的自主运营,使其在前期投入后就可自行运转。自然村服务点由行政村管理人员定期检查,有条件的可对食堂内容进行指导(图 6.19)。

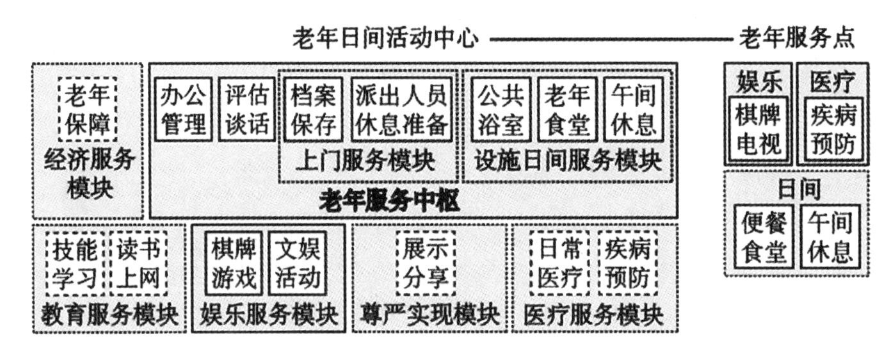

图 6.19 老年日间中心的功能组织

(来源:自绘)

(2) 老年协养中心

老年协养中心应以医疗服务模块为主,包含少量的日间照料模块,辅以经济、教育、娱乐服务等。根据现阶段情况,老年协养设施并不需要额外建设,通过与日间活动中心的整合以及卫生所的功能扩容即可实现,并可尽量减少建设与运营的负担,如可以联合卫生室提供一定上门医疗护理,由服务站统一协调自身与卫生室的人员配置(图 6.20)。

图 6.20 老年协养中心的功能组织

(来源:自绘)

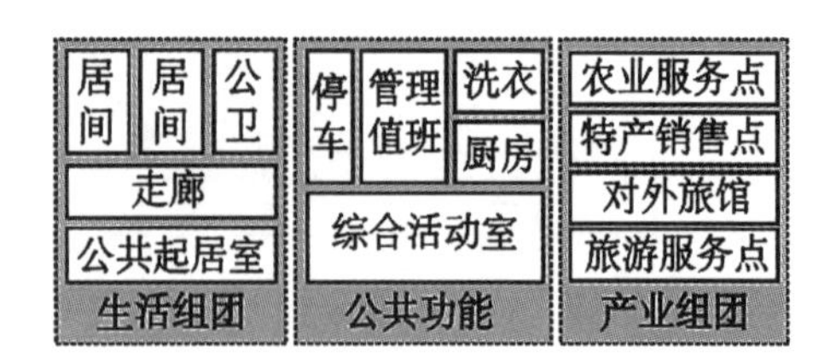

图 6.21 健康生活社区的基本功能

(来源:自绘)

(3) 共融生活社区

健康生活社区主要针对有一定经济条件,尤其是有条件开展乡村旅游业的村落,通过与产业发展结合的方式为老年人提供自宅以外的居住场所(图 6.21)。以不超过十人的居住团体形成生活单位(Group/Unit care)以及照护群(Cluster)。这种组团方式可以提高互相照看与交流的概率,也可以提高老年人自我行动和参与的积极性。而在公共交流空间设计方面已有很多实践尝试,如可以通过走廊的变化实现,即将走廊通过尺度上的变化形成具有暧昧公共私密领域的生活化空间,还可将走廊形成回路,提高老年人偶遇可能性与实际可达性。同时,从观察中认识到老年人对于空间环境的主动改造与适应,因此从限定空间向自发、自己创造空间的潜力的观念转变,并给予空间最大的灵活性和启发性。

此外,在财力、人力有保障的情况下可将不同自理能力的老人分成多个单元并实行单元照护;也可以按照不同自理能力老人不同的生活规律特征配备日常协助和专门照护,以及对公共部分的错峰使用。在这种形式中,生活的连续性、照护的连续性、生活动线与照护动线、建筑设计与照护服务系统都要统一考虑。介绍和分析老年居间设计的规范与案例很多,在此不作赘述。

6.6.4 针对设计——基于空间偏好的细部设计

(1) 基础:安全性

老年人的健康保持对物理环境提出了较高要求,一方面是对于年轻人来说尚可忍受的冷、热、闷、湿,对于老年人来说可能非常难熬,甚至诱发疾病;另一方面是老年人停留于同一地点的时间相对较长,因而所处环境的好坏对他们的影响也更大。安全性的考虑就是为了尽量规避老年人身体、器官甚至精神上的健康损害风险,无论老年人自身是否意识到环境会对他们身体能力造成正面或负面的影响,设计者都有义务和责任先于他们进行这方面的考虑。面向老年人的安全性设计包括室内光线与通风环境、噪声环境、地面无障碍、室内装修色彩与灯光等等。

① 通风条件。从生理学角度看,随着年龄增长,老年人生理上的热感觉灵敏度降低,使得老年人在强烈温度变化刺激下才会采取相应的身体调节和适应行为,老年人的颤抖、血管收缩和冷感知三个冷防御功能逐渐减弱,导致其对低温环境的适应能力较低(Mishra、Ramgopal,2013),出汗和血管扩张等散热功能衰退导致对热的适应能力也在下降,同时其自身也不会意识到这种调节的需求,因此热舒适性是对老年人健康安全有潜在影响的因素。老年人的热舒适性在我国的《民用建筑室内热湿环境评价标准》(GB/T 50785—2012)中并没有作出明确规定。调研中发现,由于不习惯用、不舍得用及因病痛风险不敢用等原因,夏热冬冷地区老年人对空调的使用频率并不高(周燕珉,2013),故对自然通风条件下老年人居室的热舒适性进行评价的意义显得尤为突出。考虑到老年人相对年轻人具有更差的热敏感性以及更被动的热适应性,一般推荐对老年人采用更严格的热环境评价标准(如Ⅰ级评价指标)(刘红等,2015)。在夏季高温多湿环境中,合理处理被动通风可以有效抑制管理费用,如在房间相对对角线的位置开口,且入风口比出风口狭小,另外两个口开在不同高度处,则在无风的日子里,也能通过温度差进行通风(图 6.22)。对于乡村房屋,建设自由度比较大,因此还可以通过设置天窗进行换气。需要注意的是,风入口与屋顶处出口的开口面积之比 m(流出开口面积/流入开口面积)对流入风速具有很大影响。当 $m\geqslant 1$ 时室内压强增大,室内

气流速度明显减慢；而当 $m<1$ 时，室内压强不会增大，外部空气较容易流入（图 6.23）。

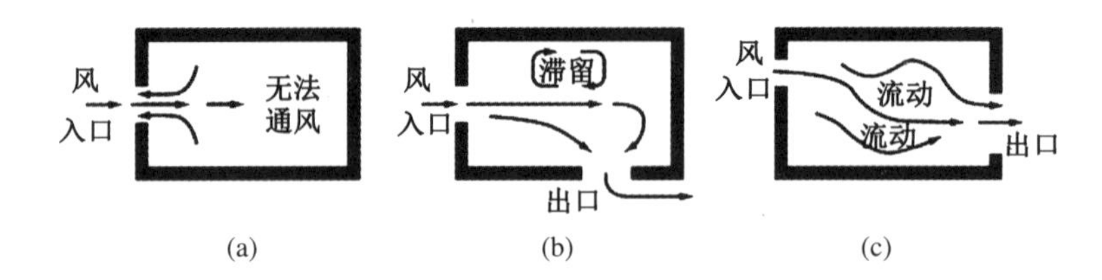

图 6.22　通风状况与窗口位置关系

（来源：根据资料自绘）

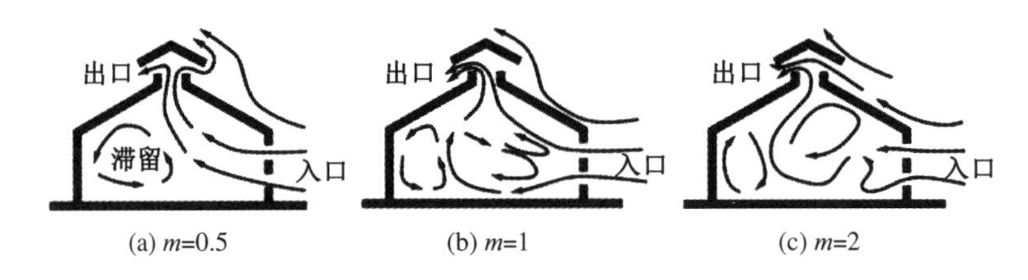

图 6.23　天窗设置与通风状况关系

（来源：根据资料自绘）

同时，还可以利用中庭或光庭等进行通风与自然换气，通过设置适应风速与风向的空气流入口，即便外部无风，也能通过室内、光庭和外部的温差使得光庭拥有烟囱效果进行拔风。最后，在周边环境方面，还可以通过配合风向和建筑物开口设置墙壁改善通风效果。总而言之，通风路径受到建筑开口形式、位置与面积比等的影响，并且会从风压系数较大的开口流向较小的开口，同时还可以利用墙壁、屏障或树木在外部引导通风（图 6.24）。

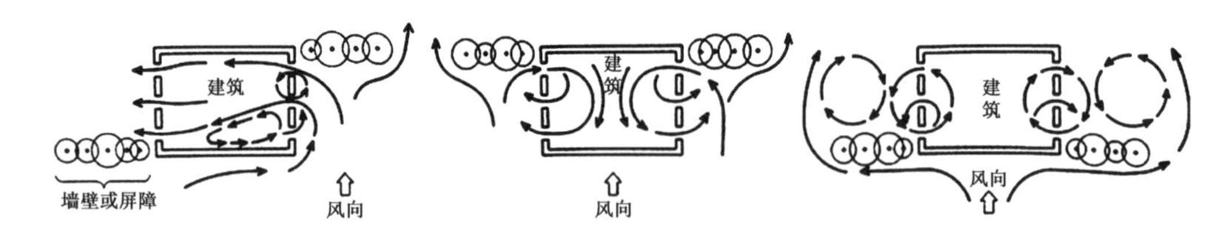

图 6.24　通过设置室外屏障调节通风

（来源：根据资料自绘）

② 采光条件。老年人多数视力差、色弱、光感差，对光线的要求比普通人要高。老年人对于阳光的渴望，不仅是生理需求，也是心理需求。光环境对老年人心理状态有很大的影响，阳光对于老年人来说不仅仅意味着明亮和温暖，还意味着卫生、消毒、安全、富足、被重视等很多意义，此外不同的光环境直接影响到人们对室内空间形态、色彩、质感的感知。可以使用百叶镂空或天窗漫射光等手法使得内部光线柔和轻松，并注意避免大面积的侧窗造成的强烈眩光，还可以通过落叶树木对室内冬季、夏季的直射日照量进行调整。在功能的综合

排布上，面北朝西的位置宜安排浴室、卫生间、储藏室等辅助空间，北面由于一日中日照强度较为平均，也适合设置图书室、工作坊等。而东南向则具有较好的季节采光与通风条件，适合设置居住房间和公共空间等主要的活动空间。另外在西面还可以通过植栽落叶树或藤蔓的方式调节季节的进光量，获得较为舒适的室内环境。

③ 噪声条件。随着年龄的增加听力会不断衰退，听力的衰退会导致老年人难以与他人正常交流，也因难以收取外界信息而导致与社会隔离。因此，在老年人使用的环境中，尤其要注意对声音传播有影响的空间的形状，以及吸声、遮音、防止有害回声等设计。声环境对老年人的影响尤为突出，也表现出一定的矛盾：一方面寻求安静，由于睡眠时间短、睡眠浅、容易警醒等，需要更安静的环境以保持睡眠质量，同时老年人更易受到低频噪声的伤害，并出现头昏脑涨、注意力不集中、烦躁等症状；另一方面又不适应安静，因老年人处在无声源环境中会产生耳内高频音即老年耳鸣，这种耳鸣会因被外界声音掩盖而减轻，同时过于安静的环境会加重老年人的孤独感。因此，在平面布局、墙体的厚度、材质等设计中要充分考虑这种矛盾性。应当遵循老年人设施建设规范中的噪声标准，尤其是在了解乡村老年人一日活动特性的基础上，减少其通常睡眠时间段中的噪声。在居室部分采用设置前室、衣柜的方式减少房间与房间之间的噪音，并通过双重玻璃的构造达到防止外部噪声的效果。而在公共部分等较大的空间，应采用吸声率较高的天花板材料。

④ 无障碍条件。无障碍设计对于老年人的重要性体现在两种情况上：一是由于生理机能衰退、腿部机能下降，需要借助轮椅等器械步行，因而需要保持可到达性；二是减少物理环境隐患，以防止由于跌倒带来的自理能力衰退。1950 年代末到 1960 年代初，美国与欧洲各国开始对公共设施的无障碍进行反思，英国、瑞士、瑞典等国先后确立了无障碍设计的规格和促进实现的办法，国际残疾人康复协会确立了无障碍设计(Barrier-free Design)这一名称。1994 年，日本施行了《促进高龄者和残疾者等顺利使用的特定建筑物的建筑提升法律》，确立了无障碍设计在法律中的位置。后来又发展成为通用设计(Universal Design)，模糊了无障碍与一般设置的界限。通用设计的概念于 1980 年修订的《使身体残疾人可以进入和使用的建筑物和设施的规范》(*Specifications for Making Buildings and Facilities Accessible to and Usable by Physically Handicapped People*)中得到推进。Mace(1985)阐释了通用设计的七个原则：公平性，无论什么样的群体都可以购买和使用；自由度，能够容许广泛的个人喜好或能力；易懂性，简单，容易理解，可以通过直觉进行使用；明确性，可以传达易于认知的信息；安全性，对错误具有容许度(最小化由于不能认识危险又或是无意举动所造成的不利结果)；持续性，使用中使用较少的力或造成较小的负担，即使长时间使用也不易疲累；空间性，空间(及物品)尺寸使任何人都可以轻松使用或操作。应当根据这些原则完善建筑的无障碍设计。

⑤ 促进身体恢复的设计。促进机能恢复的设计包括在设施内有意设置较长的动线(如从房间到浴室或机能训练室)并形成回路，确保适当的步行运动；在老年人较低视线处进行建筑材料上的特别处理，如具有凹凸感的墙壁和多种色彩；通过空间的大小变化、容许多视线的设计，以及对厕所位置的考虑等帮助维持老年人的身体能力。根据资料总结了适应老年人身体特征的设计要点(表 6.14)。

表 6.14 适应老年人身体特征的设计要点

老年人的身体特性		设计上的要点
人体工学	● 与 20 岁相比身体活动幅度缩小 10%～20% ● 腰部弯曲,身体前倾	● 洗手台、水槽的高度 ● 各家具把手的高度 ● 标志与指示的高度
脚力	● 步行能力降低 ● 竖向移动困难	● 出入口、走廊与楼梯的位置,以及各部分的尺寸 ● 无障碍设计 ● 可行的紧急防灾措施
握力	● 约成年人的一半,与 12 岁小孩相当	● 家具开合的容易程度以及把手形状 ● 扶手的直径
视力	● 视力急剧下降 ● 可视范围发生变化	● 文字的大小 ● 色彩与照明
听力	● 约 20%有听力障碍 ● 约成年人的 1/6,可听距离约为 15 cm	● 信息的传达方法
平衡感觉	● 约成年人的 1/3,闭眼单脚直立约 10 秒	● 扶手与支撑、入浴设施的设计
呼吸功能	● 易疲劳,动作缓慢,经常需要休息 ● 支气管炎患者多	● 浴室与厕所的构造 ● 步行距离与休息空间 ● 空调方式(尤其是制热)
血液循环	● 高血压患者多 ● 夜尿次数增加	● 入浴方法与浴室构造 ● 床的高度 ● 厕所的位置
肾脏	● 如厕频率增加,排泄控制机能衰弱	● 厕所的位置
咀嚼能力	● 残存牙齿个数,60 岁 14 颗、70 岁 11 颗、80 岁 7 颗,无齿占约三成	● 食堂和配餐室的位置与构造 ● 食堂的菜谱安排
神经	● 神经与内内分泌系统低下,难以应对激烈的环境变化 ● 睡眠变浅,易受声光刺激 ● 体温调节功能低下	● 空间的亲和度、适应性与缓冲 ● 声光环境的控制 ● 温度环境的控制

(来源:根据资料自绘)

⑥ 材料。不同的建筑材料在耐磨性、防水性、噪音和触感等方面具有不同特性(表 6.15),而材料的选择在当前部分建筑设计,尤其是老年设施设计中被忽略,从而使得室内环境成为老年人健康的潜在风险。因此,对于老年设施中不同使用目的的空间,需要根据在该处发生的活动谨慎选用建筑材料(表 6.16)。

表 6.15 各种建筑材料的特质

材料类别	色彩	肌理	耐脏	吸音	保温	防火	防音	触感
合成板、纤维板	好	一般	一般	一般	一般	差	一般	一般
石材、瓦片、人造石材	一般	一般	好	差	一般	好	好	一般
玻璃、塑料	一般	一般	好	差	一般	一般	差	一般
加工木板	好	一般	一般	好	好	一般	好	一般
金属板	一般	一般	好	差	差	一般	差	差
壁纸	好	好	一般	一般	一般	一般	一般	一般
涂料	好	一般	一般	差	差	一般	一般	差

(来源:根据资料自绘)

表 6.16 各部分空间建筑材料选择的注意点

位置	材料选择的注意点
玄关	耐水性与耐磨性,尤其是遇水的防滑性
走廊与大厅	步行时的触感,防止步行噪音,避免容易滑倒的材料
楼梯	较不易滑倒的踏面,增加踏面的摩擦度
个人房间	重视个人偏好,保证遮音性和吸音性的材料
起居室	注重耐磨性、耐湿性、耐寒性、抗菌性等的材料
食堂	考虑到椅子移动的磨损以及食物可能撒到地面的情况,应注重耐磨性、耐水性、抗菌性
厨房	耐水性、防滑性、耐腐蚀性、易清洁性
厕所与盥洗室	耐水性、防滑性、耐腐蚀性、易清洁性
浴室	耐水性、防滑性,最好采用具有粗糙肌理的材料

(来源:根据资料自绘)

(2) 提升:偏好点

① 领域感。安全的需求与归属的需求使得人们对于领域有一定的占有性,在行为学上称为领域感。领域性行为(Territoriality)是个人或群体为了强调对某一场所的所有权而对他人产生的展示、防御入侵等行为。Altman 将领域概念整理为以下三个范围:一是法律确定的长期所有,或某一期间内所有者、使用者、占有者明确的极端个人的场所,如自宅或个人事务所等;二是半公共(Semi-public)场所,包括通过资格确定使用者范围的场所,以及根据习惯确定使用者范围的场所,如大学教室或习惯聚集的餐馆等;三是公共领域,谁都可以暂时占有或使用,如公园、车站、大厅等。领域性行为在日常生活中可以表现为通过放置私人物品的记号行为(Marking)来对场所进行暂时的占有,比如图书馆占位、车站等候室占座等;另一方面可以表现为空间的个人化(Personalization),包括在拥有法律承认具有所有权期间,通过放置私人物品、装饰、种植等改变场所特性(identity),或在没有使用许可的情况

下进行涂鸦等行为。通过改变领域的边界以及入口,包括材质、高度、视线的通过性等,可以向人发出不同的信息。

老年人对领域性的偏好表现为老年人群的行为特征具有其特殊性并形成一定的规律,在社会背景、文化层次、特长爱好、生活价值、健康状况等因素取得共鸣的基础上,形成群体习惯性的活动和对所在空间环境的依赖,形成固定活动点或范围,而对陌生的空间环境产生潜在的恐惧与不安。强领域感首先带来强安全感,根据环境压力模型的观点,随着老年人身体能力条件的降低,其所能控制的环境范围将会逐渐缩小,同时老年人较年轻人会对环境改变更为敏感,适应压力也更大,即环境改变时,老年人将付出更大的代价来重获对于环境的掌控力。强领域感其次带来强责任感。领域性实际上是一种空间的权责化,有利于老年人对关联空间的自觉管理和自主运行。领域感对设计提出的要求,一是强调尽量顺应老年人原活动空间位置,尽量减少大变化;二是强调在新设计中加入形成老年人领域感的要素,这种要素应当基于对聚集地点空间特征的观察,如竖界面(树木、矮墙、软质)的形成、观赏空地和座椅的配置、绿化的配置等。

② 私密性与探究性。老年人可控制范围的缩小和与外界交流的渴望,这一对矛盾最终形成一种老年人的观看行为,即对周围小环境的掌控和对大环境的窥视。对小环境的掌控主要建立于易于理解的空间属性和通过自我布置形成的亲近感;而对大环境的窥视可以借由对外视线的可及性,如面向道路、风景、其他人群活动的大敞开面等来进行。

③ 尺度感。尺度感关注两个方面,一是空间的尺度和形态,如简洁的矩形平面形式能够营造出宁静祥和的氛围,符合老年人睡眠休息的特定空间形象;据实态调查结果显示,居住空间尺度的过大会给他们心理上带来荒凉感,同时也给老年人的日常生活带来疲劳感,所以在居住空间尺度上宜偏重于实用、紧凑。二是内装家居细节的尺度,如使用老年人特殊定制的家具等。

④ 促进交流。在走廊以及向其他场所移动的路上应当设置休息所或者可以供 2～3 人谈话的小空间,可以尝试将食堂打造成可以与其他公共功能兼用的场所;同时,老年人使用的设施应当具备对社区开放的多功能和包容性,如食堂、教室、排练室、儿童游乐场等。在这个方面,需要充分考虑老年人的生活习性,合理安排他们与其他群体的交流时间。

(3) 修正:经济性

经济性要求一切建设都应从村庄自身的经济能力出发,减少后续清洁修整的工作,避免增加包括老年人在内的负担。目前虽然国内外有许多老年设施相关的规范和设计导则,但大多数是针对新建的、居住型的老年设施,而且其中有些方面的导则明显超出了目前我国乡村的发展水平,且并不一定适用于当前乡村老年人的生活方式,过于高、大、全的设计规范反而不具备实际操作性。为此,应当着眼于主要矛盾和不足,集中改善紧要之处。去除以他国老年人特有生活习惯为蓝本的设计,减少当前尚不能顾及的不必要的过细的要求,避免使用需要花费大量人力、物力进行维持的构造、材料或使用方式,积极寻求利用现有资源花较少代价可以达成的目标,保证安全性,在结合偏好点和经济上进一步提升,才能使得设计具有实际落地和持续使用的可能。

最后,总结老年设施设计上的性能评价与设计上的考虑过程(表 6.17)。

表 6.17 老年设施设计上的性能评价与设计总结

要点	性能要求		过程所属	职能所属
安全	热环境与通风	防暑防寒对策,良好的冬季保温和夏季通风,空气调节装置	前期设计、详细设计	建筑形式、建筑设备
	光环境	合适的采光和日照,电气设备	详细设计、详细设计	建筑形式、建筑设备
	声环境	防噪音,内部吸音材料等;与其他人群使用错开,电气设备	前期设计、详细设计	建筑形式、建筑设备
	无障碍	避免高差和跌倒风险,对色彩和设计上的考虑	前期设计、详细设计	建筑形式
	材料	内装材料对健康的影响	详细设计	建筑形式
	其他	防火性:内部失火时具有不燃性,在近邻着火时断绝延烧;防水性:避免过于复杂的交接处构造,做好防水处理、上下水道等	详细设计	建筑形式、建筑设备
偏好	领域感	顺应原活动位置,增强空间围合和个人化要素	前期设计、详细设计	建筑形式
	探知性	环境的配置,内部私密性与公共性的配置等	前期设计、详细设计	建筑形式
	尺度感	设置合适的空间尺寸与家具设施尺寸	前期设计、详细设计	建筑形式
	交流	增加设施内交流和社区内交流契机	前期设计、详细设计	建筑形式
经济	维持	为将来器械的更新以及维护提前考虑	前期设计、详细设计	建筑形式
	持续性	长期使用造成的劣化、脏污较少,避免大成本的维护和短期大面积的翻修	详细设计、施工监理	构造设计
	变化	合理考虑房间的融通性和独立性,考虑将来的增筑、改筑	前期设计	建筑形式、构造设计

(来源:根据资料自绘)

7 结 语

乡村老年问题在当前我国各方面高速发展时期显得十分棘手，发展意味着变化，因而这一研究课题与社会的高度相关性，使得其时时面临着外部环境变化所可能导致的研究结论的失效与矛盾。同时，老年问题的解决远远超出了建筑学的能力范畴，而经验借鉴的过程又因为地区差异显得异常艰难。仅仅针对老年设施的平面排布和细节大样等“建筑学”部分的直接借用是相对简单的，且相应的资料和成果也较多，但这种“建筑学结果”是如何根据各个地区特定的政治经济环境和对象人群特征的形成过程，则往往被避重就轻地忽略。这种忽略，或者说缺乏深思熟虑的大量复制建造，往往会造成一系列的后续使用问题，并且最终导致资源的浪费。如何从政治经济背景宏观探讨乡村老年设施与社会发展关系的一般规律，同时通过环境行为学研究从“人”出发的乡村老年设施规划和设计方法，从而科学地制订出符合乡村地区发展特点的乡村老年服务体系，是本研究所探讨的重点内容和目标。以下对本书的主要内容进行回顾：

(1) 搭建研究平台。基于对我国乡村养老环境的发展现状，以及对国外养老服务体系建设经验的总结，针对目前相关研究碎片化、浅层化、经验化的普遍滞后状况，从乡村老年人居环境营建的研究背景、目的、意义和定位等搭建研究课题的基础平台和系统研究框架。

(2) 提出未利用的“乡村养老资源”与未满足的“乡村老人需求”作为建设驱动力以及各自的特点。从问题切入，通过现象分析作为表征的设施问题产生的根源，认识当下内外部环境中得以推动乡村老年建设发展的契机，提出以乡村老年人未满足的养老需求形成建设发展的内在驱动力，乡村尚未利用的养老资源形成外在驱动力的两条研究深化路径。同时，将乡村养老资源整合为经济资源、服务资源、精神资源与建设资源四类，并总结出乡村老年人的需求具有普遍性与特殊性、动态性与多样性、当下性与未来性的特点。

(3) 梳理与认知乡村老年建设的整体内在机制，定义“养老模式”—“服务组织”—“老年设施”的内涵与关联。尤其是作为“终端”的设施建设与上层的社会经济文化大环境的耦合，在宏观层面了解空间本身生产的原因和逻辑，并在此认识的基础上进一步创作空间。养老模式是由经济水平、保障制度这一资源的提供过程，以及政治体制、社会文化这一分配过程所决定，因而表现为养老资源的提供与分配的总体组合形式；而养老服务组织形式则是将养老模式所包含的提供与分配过程具体化，是将资源进行具体分配的方式，可以从提供主体、资源内容、流动渠道、客体需求四个方面进行认识；而作为建筑学科主要研究内容的老年设施则是服务组织的具体空间载体，是基于可以获得的资源和在乡村组织中被安排的位置，分割客体所需功能的承载实体。

(4) 以环境行为学及量化方法增进对乡村老年人空间行为与偏好方面的认识。围绕“人”与“空间”两条线索构建乡村老年建设空间要求的调研框架，以老年人自理能力分级为前提实地调研老年人群体的主观与客观需求特征，通过需求特征结果导出功能模块指标，通过对村域层面聚集行为的捕捉和观察，探究乡村老年人的聚集行为特征以及对村庄公共空间要素的偏好，通过行为特征导出空间偏好导则，为乡村老年设施的规划与设计提供参考依据。

（5）构建包含原则、目标、要素、层级的乡村老年服务体系。在参考国内外实践经验的基础上，依据立足实际、夯实基础，多元并举、服务当先，结构转变、针对高效，整体支持、全局考虑的原则，在宏观、中观、微观三个层次对依赖政策体系的养老模式构想，构成运行系统的服务组织与社区规划，以及作为终端表现的设施与空间设计三个层面构建乡村老年服务体系建设。

（6）提出根据人群细分的三类乡村养老设施的规划原则以及空间构成。基于调研与分析结果，提出基本型设施和扩展型设施两大类乡村老年设施类型的定义与定位，对设施选址提出用地明确、功能定址、偏好择优的要求，并对不同设施的内部功能布局和空间品质提出具体设计要求和导则。提出要根据基本建筑环境要求、老年人的使用偏好特征以及实际经济情况满足安全性、偏好点和经济性三个大方面的要求。

参考文献

外文文献

[1] Alcock D, Angus D, Diem E, et al. 2002. Home care or long-term care facility: Factors that influence the decision[J]. Home Health Care Services Quarterly, 21(2): 35-48.

[2] Altman I. 1975. The environment and social behavior: Privacy, personal space, territory, crowding[M]. CA: Brooks/Cohe, Monterey.

[3] Birren J E, Bengtson V L. 1988. Emergent theories of aging[M]. New York: Springer Publishing Co.

[4] Blieszner R, Roberto K A, Singh K. 2001. The helping networks of rural elders: Demographic and social psychological influences on service use [J]. Ageing International, 27(1): 89-119.

[5] Boldy D, Grenade L, Lewin G, et al. 2011. Older people's decisions regarding "ageing in place": A Western Australian case study[J]. Australasian Journal on Ageing, 30(3): 136-142.

[6] Bowblis J R, Meng H D, Hyer K. 2013. The urban-rural disparity in nursing home quality indicators: The case of facility-acquired contractures[J]. Health Services Research, 48(1):47-69.

[7] Bull C N, Bane S D. 1993. The rural elderly-providers perceptions of barriers to service delivery[J]. Sociological Practice, 11(1): 98-116.

[8] Bullen P A, Love P E D. 2011. Adaptive reuse of heritage buildings[J]. Structural Survey, 29(5): 411-421.

[9] Burden D. 2001. Building communities with transportation[M]. Washington, DC: Transportation Research Board.

[10] Butler S S, Turner W, Kaye L W, et al. 2005. Depression and caregiver burden among rural elder caregivers[J]. Journal of Gerontological Social Work, 46(1): 47-63.

[11] Cohler B J. 1983. Autonomy and interdependence in the family of adulthood: A psychological perspective[J]. The Gerontologist, 23(1): 33-39.

[12] Conrad K J, Hultman C L, Hughes S L, et al. 1993. Rural/Urban differences in adult day care[J]. Research on Aging, 15(3): 346-363.

[13] Costa-Font J, Elvira D, Mascarilla-Miró O. 2009. Ageing in place'? exploring elderly

people's housing preferences in Spain[J]. Urban Studies, 46(2): 295-316.

[14] Coward R T, Culter S J, Mullens R A. 1990. Residential differences in the composition of the helping networks of impaired elders[J]. Family Relations, 39(1): 44.

[15] Coward R T, Culter S J. 1989. Informal and formal health care systems for the rural elderly[J]. Health Services Research, 23(6): 785-806.

[16] Coward R T, DeWeaver K L, Schmidt F E, et al. 1983. Distinctive features of rural environments: A frame of reference for mental health practice[J]. International Journal of Mental Health, 12(1/2): 3-24.

[17] Coward R T, Kerckhoff R K. 1987. The rural elderly: program planning guidelines [M]. Ames: North Central Regional Center for Rural Development.

[18] Crimmins E M, Saito Y. 1993. Getting better and getting worse: Transitions in functional status among older Americans[J]. Journal of Aging and Health, 5(1): 3-36.

[19] Donnen Werth G, Norvell B. 1978. Life satisfaction among old persons: rural-urban and racial comparisons[J]. Social Science Quarterly(59): 578-583.

[20] Dooghe G. 1992. Informal caregivers of elderly people: An european review[J]. Ageing & Society, 12(3): 369-380.

[45] Dwyer J W, Lee G R, Coward R T. 1990. The health status, health services utilization, and support networks of the rural elderly: A decade review[J]. The Journal of Rural Health, 6(4): 379-398.

[21] Forbes D A, Edge D S. 2009. Canadian home care policy and practice in rural and remote settings: Challenges and solutions[J]. Journal of Agromedicine, 14(2): 119-124.

[22] Frenzen P D. 1991. The increasing supply of physicians in US urban and rural areas, 1975 to 1988[J]. American Journal of Public Health, 81(9): 1141-1147.

[23] Garin N, Olaya B, Miret M, et al. 2014. Built environment and elderly population health: A comprehensive literature review[J]. Clinical Practice and Epidemiology in Mental Health, 10(1): 103-115.

[24] Glasgow N, Brown D L, 2012. Rural ageing in the United States: Trends and contexts[J]. Journal of Rural Studies, 28(4):422-431.

[25] Glasgow N. 2000. Rural/Urban patterns of aging and care giving in the United States [J]. Journal of Family Issues, 21(5):611-631.

[26] Golant S M. 1979. Location and environment of elderly population[M]. New York: John Wiley & Sons Inc.

[27] Higgs G, White S D. 1997. Changes in service provision in rural areas. Part 1: The use of GIS in analysing accessibility to services in rural deprivation research[J].

Journal of Rural Studies，13(4)：441-450.

[28] Howden-Chapman P，Signal L，Crane J. 1999. Housing and health in older people：Ageing in place[J]. Social Policy Journal of New Zealand，13(13)：1-14.

[29] Kivett V R. 1988. Aging in a rural place：The elusive source of well-being[J]. Journal of Rural Studies，4(2)：125-132.

[30] Kivett V R. 1985. Aging in rural society：Non-kin community relations and participation[M]//Coward R T，Lee G R. The elderly in rural society. New York：Springer.

[31] Krout J A. 1986. The aged in rural america[M]. Westport：Greenwood Press.

[32] Krout J A. 1988. The elderly in rural environments[J]. Journal of Rural Studies，4(2)：103-114.

[33] Kumar V，Acanfora M. 2001. Health status of the rural elderly[J]. The Journal of Rural Health，17(4)：328-331.

[34] Lawton M P，Moss M，Fulcomer M，et al. 1982. A research and service oriented multilevel assessment instrument[J]. Journal of Gerontology，37(1)：91-99.

[35] Lawton M P，Nahemow L. 1973. Ecology and the aging process[M]//Eisdorfer C，Lawton M P. The psychdogy of adult development and aging. Washington，DC：American Psycholgical Association.

[36] Lawton M P. 1986. Environment and aging[M]. New York：Center For The Study Of Aging.

[37] Lehning A，Scharlach A，Wolf J P. 2012. An emerging typology of community aging initiatives[J]. Journal of Community Practice，20(3)：293-316.

[38] Mace R. 1985. Universal design：Barrier free environments for everyone[J]. Designers West，33(1)：147-152.

[39] Manton K G. 1989. Epidemiological，demographic，and social correlates of disability among the elderly[J]. The Milbank Quarterly，67(2)：13-58.

[40] McConnel C E，Zetzman M R. 1993. Urban/Rural differences in health service utilization by elderly persons in the United States[J]. The Journal of Rural Health，9(4)：270-280.

[41] Menec V H，Hutton L，Newall N，et al. 2015. How "age-friendly" are rural communities and what community characteristics are related to age-friendliness? The case of rural Manitoba，Canada[J]. Ageing and Society，35(1)：203-223.

[42] Mercier J M，Powers E A. 1984. The family and friends of rural aged as a natural support system[J]. Journal of Community Psychology，12(4)：334-346.

[43] Mishra A K，Ramgopal M. 2013. Field studies on human thermal comfort：An overview[J]. Building and Environment，64：94-106.

[44] Murray G，Judd F，Jackson H，et al. 2004. Rurality and mental health：The role of

accessibility[J]. Australian & New Zealand Journal of Psychiatry, 38(8):629-634.

[45] Pong R W, Pitblado J R. 2001. Don't take "geography" for granted! Some methodological issues in measuring geographic distribution of physicians [J]. Canadian Journal of Rural Medicine, 6(2): 103.

[46] Powers E A, Keith P M, 1975. Goudy W J. Family relationships and friendships [M]//Atchley R C, Byerts T O. Rural environments and aging. Washington, DC: Gerontological Society.

[47] Ryser L, Halseth G. 2012. Resolving mobility constraints impeding rural seniors' access to regionalized services[J]. Journal of Aging & Social Policy, 24(3): 328-344.

[48] Sallis J F, Owen N, Fotheringham M J. 2000. Behavioral epidemiology: A systematic framework to classify phases of research on health promotion and disease prevention[J]. Annals of Behavioral Medicine, 22(4): 294-298.

[49] Sauer W J, Coward R T. 1985. Social support networks and care of the elderly[M]. New York: Springer.

[50] Scharlach A E, Lehning A J. 2013. Ageing-friendly communities and social inclusion in the United States of America[J]. Ageing and Society, 33(1): 110-136.

[51] Scheidt R J, Windley P G(Eds). 1998. Environment and aging theory: A focus on housing[M]. New York: Praeger Pub Text.

[52] Spina J, Menec V H. 2015. What community characteristics help or hinder rural communities in becoming age-friendly? Perspectives from a Canadian prairie province [J]. Journal of Applied Gerontology, 34(4): 444-464.

[53] Stone R. 1991. Familial obligation: Issues for the 1990s[J]. Generations-Journal of the American Society on Aging, 15(3):47-50.

[54] Swane C E. 1999. The relationship between informal and formal care [C]// Campbell, Ikegami. Long-Term Care for Frail Older People: Research for the Ideal System. Tokyo: Springer Japan.

[55] Van Andel J. 1984. Effects on children's behavior of physical changes in a leiden neighborhood[J]. Children's Environments Quarterly, 1(4): 46-54.

[56] Warner M E, Homsy G C, Morken L J. 2017. Planning for aging in place[J]. Journal of Planning Education and Research, 37(1): 29-42.

[57] Wenger G C. 2001. Myths and realities of ageing in rural britain [J]. Ageing and Society, 21(1): 117-130.

[58] Wiles J L, Leibing A, Guberman N, et al. 2012. The meaning of "aging in place" to older people[J]. The Gerontologist, 52(3): 357-366.

中文文献

[1] 柴效武.2005.养老资源探析[J].人口学刊,27(2):26-29.

[2] 陈彩霞.2003.北京市城乡老年人生活状况和生活满意度的比较[J].市场与人口分析,9(3):30,66-70.

[3] 陈建兰.2010.空巢老人的养老意愿及其影响因素——基于苏州的实证研究[J].人口与发展,16(2):67-75.

[4] 陈静.2016.新型城镇化背景下农村养老服务供给模式研究[J].农村经济(6):101-106.

[5] 陈凯.2012.农村集体养老建筑设计研究[D].青岛:青岛理工大学.

[6] 陈舒婷.2017.乡村住宅适老化改建设计方法研究[D].合肥:安徽建筑大学.

[7] 陈小卉,杨红平.2013.老龄化背景下城乡规划应对研究——以江苏为例[J].城市规划,37(9):17-21.

[8] 陈云凤.2018.北方农村互助型养老设施空间设计研究[D].哈尔滨:哈尔滨工业大学.

[9] 程德月,潘宜.2015.农民工返乡与农村社区养老设施建设的互动关系探究:以湖北省百丈河村为例[C]//2015 中国城市规划年会论文集:151-159.

[10] 笪素娟.2006.影响老年人心理健康的主要因素及干预措施[J].中国初级卫生保健,20(4):64-65.

[11] 丁福峰.2015."居家养老"模式下的沧州地区农村适老化改造设计研究[D].徐州:中国矿业大学.

[12] 丁志宏,王莉莉.2011.我国社区居家养老服务均等化研究[J].人口学刊,33(5):83-88.

[13] 斐迪南·滕尼斯.2010.共同体与社会[M].林荣远,译.北京:北京大学出版社.

[14] 冯晓黎,李晶华,李兆良,等.2005.长春市农村老年人生活质量及其影响因素分析[J].中国老年学杂志,25(11):49-50.

[15] 谷彦芳,柳佳龙.2014.新型城镇化背景下的农村养老服务体系研究[J].经济研究参考,(52):48-53.

[16] 郭竞成.2012.农村居家养老服务的需求强度与需求弹性——基于浙江农村老年人问卷调查的研究[J].社会保障研究(1):47-57.

[17] 胡军生,肖健,白素英.2006.农村老年人主观幸福感研究[J].中国老年学杂志,26(3):314-317.

[18] 胡宗山.2008.农村社区建设:内涵、任务与方法[J].中国民政(3):17-18.

[19] 黄俊辉,李放,赵光.2014.农村社会养老服务需求评估——基于江苏 1 051 名农村老人的问卷调查[J].中国农村观察(4):29-41.

[20] 黄乾.2005.农村养老资源供给变化及其政策含义[J].人口与经济(6):45,57-62.

[21] 贾飞.2015.农村互助养老空间设计研究[D].呼和浩特:内蒙古师范大学.

[22] 孔祥智,涂圣伟.2007.我国现阶段农民养老意愿探讨——基于福建省永安、邵武、光泽三县(市)抽样调查的实证研究[J].中国人民大学学报,21(3):71-77.

[23] 雷洁琼.1999.中国社会保障体系的建构[M].太原:山西人民出版社.

[24] 李德明,陈天勇,李海峰.2009.中国社区为老服务及其对老年人生活满意度的影响[J].

中国老年学杂志,29(19):2513-2515.

[25] 李德明,陈天勇,吴振云.2007.中国农村老年人的生活质量和主观幸福感[J].中国老年学杂志,27(12):1193-1196.

[26] 李建新,张风雨.1997.城市老年人心理健康及其相关因素研究[J].中国人口科学(3):29-35.

[27] 李术.2017.湖南常德地区乡村养老建筑研究[D].长沙:湖南大学.

[28] 李增元.2009.农村社区建设:治理转型与共同体构建[J].东南学术(3):26-31.

[29] 李兆友,郑吉友.2016.农村社区居家养老服务需求强度的实证分析——基于辽宁省S镇农村老年人的问卷调查[J].社会保障研究(5):18-26.

[30] 林宝.2015.中国农村人口老龄化的趋势、影响与应对[J].西部论坛,25(2):73-81.

[31] 凌文豪.2011.从一元到多元:中国农村养老模式的变迁逻辑——以生产社会化为分析视角[J].社会主义研究(6):77-80.

[32] 刘春梅.2013.农村养老资源供给及模式研究[D].咸阳:西北农林科技大学.

[33] 刘红,吴语欣,张恒,等.2015.夏季自然通风住宅老年人适应性热舒适评价研究[J].暖通空调,45(6):50-58.

[34] 刘华,沈蕾.2010.农村老年人养老意愿及影响因素的分析——基于苏南苏北的调查[J].甘肃农业(10):44-46.

[35] 刘辉,邵银,李嘉华.2012.建筑空间的生产与社会逻辑——从列菲伏尔的《空间生产》到建筑空间生产的思考[J].华中建筑,30(4):9-11.

[36] 刘易,李晶源.2014.西南地区农村敬老院室内外环境通用设计初探[J].价值工程,33(30):327-329.

[37] 陆益龙.2010.乡土中国的转型与后乡土性特征的形成[J].人文杂志(5):161-168.

[38] 马红.2010.农村机构养老研究[D].长沙:湖南师范大学.

[39] 马艳辉,周绍文.2016.老龄化背景下乡村居家养老设施规划设计初探——以曲靖市三宝街道办亮子村为例[J].价值工程,35(34):4-6.

[40] 孟琛,项曼君.1996.北京市城市、农村老年人生活满意度的对比分析[J].中国老年学杂志,16(2):106-108,129.

[41] 穆光宗.1999.建立代际互助体系 走出传统养老困境[J].市场与人口分析,5(6):33-35.

[42] 彭旋子.2011.基于农村居民意愿的养老模式选择研究[D].杭州:浙江大学.

[43] 邱莲.2003.农村老年人心理健康状况调查[J].中国老年学杂志,23(8):517-518.

[44] 石秀和,等.2006.中国农村社会保障问题研究[M].北京:人民出版社.

[45] 宋宝安.2006.老年人口养老意愿的社会学分析[J].吉林大学社会科学学报,46(4):90-97.

[46] 孙悦.2017.晋中农村院落适老化居住环境改造设计[D].深圳:深圳大学.

[47] 陶自祥.2013.分裂与继替:农村家庭延续机制的研究[D].武汉:华中科技大学.

[48] 王红艳.2015.中国农村养老方式的演变及应对措施[J].商丘师范学院学报,31(4):

94-97.
[49] 王洪娜.2011.山东农村老人入住社会养老机构的意愿与需求分析[J].东岳论丛,32(9):169-173.
[50] 王洪羿,周博,牛婧.2013.北方农村住宅外部空间的适应性设计初探[J].住区(03):68-72.
[51] 王洪羿,周博,范悦,等.2012.养老建筑内部空间知觉体验与游走路径研究——以北方地区城市、农村养老设施为例[J].建筑学报(S1):161-167.
[52] 王萍,李树茁.2011.农村家庭养老的变迁和老年人的健康[M].北京:社会科学文献出版社.
[53] 王晓健,闫楠.2014.老龄化背景下农村养老设施建设探讨[J].四川建筑科学研究,40(2):310-312.
[54] 王彦栋.2015.农村社区老年公寓交往空间设计研究[D].济南:山东建筑大学.
[55] 王燕.2013.农村养老新模式下失地农民的住宅环境设计[J].大众文艺(21):136-137.
[56] 王耀梁.2016.城镇化背景下新农村社区养老居住空间环境设计探究[D].成都:西南交通大学.
[57] 王振军.2016.农村社会养老服务需求意愿的实证分析—— 基于甘肃 563 位老人问卷调查[J].西北人口,37(1):117-122.
[58] 项继权.2008.基本公共服务均等化:政策目标与制度保障[J].华中师范大学学报(人文社会科学版),47(1):2-9.
[59] 肖驰.2016.菏泽东明村落养老建筑环境设计研究[D].济南:山东建筑大学.
[60] 许照红.2007.我国农村养老模式的历史变革与现实选择[J].特区经济(6):114-115.
[61] 薛兴邦,张维宝,俞剑平,等.1998.社区老人幸福度及其相关因素分析[J].中国心理卫生杂志,12(1):35-36, 63-64.
[62] 杨恒,赵斌.2016.浅析嘉兴农村居家养老社区户外环境设计[J].大众文艺(7):89.
[63] 尹志勤,杨玉霞,陈丽莉,等.2012.浙江省农村老年人健康状况及影响因素分析[J].中国公共卫生,28(3):293-295.
[64] 袁同成.2009."义庄":创建现代农村家族邻里互助养老模式的重要参鉴——基于社会资本的视角[J].理论导刊(4):19-21.
[65] 詹成付,王景新.2008.中国农村社区服务体系建设研究[M].北京:中国社会科学出版社.
[66] 张宝心,赵学义,管振忠.2017.胶东半岛农村居家养老住宅绿色技术适应性改造设计[J].建筑节能,45(11):111-114.
[67] 张伯扬.1990.农村新型敬老院设计[J].住宅科技,10(3):36-37.
[68] 张伯扬.2001.农村新型敬老院设计浅谈[J].新建筑(2):27.
[69] 张春兴.1981.心理学[M].中国台北:东华书局.
[70] 张胆.2009.农村居民养老模式选择意愿及影响因素分析[D].福州:福建农林大学.
[71] 张恺悌,2009.中国城乡老年人社会活动和精神心理状况研究[M].北京:中国社会出

版社.
[72] 张立,张天凤.2014.城乡双重视角下的村镇养老服务(设施)研究——基于佛山市的村镇调查[J].小城镇建设(11):60-67.
[73] 张仕平,刘丽华.2000.建国以来农村老年保障的历史沿革、特点及成因[J].人口学刊,22(5):35-39.
[74] 张潇,陈晓卫.2015.以磁县中心敬老院为例谈村镇养老建筑设计[J].山西建筑,41(3):10-11.
[75] 张小林.1998.乡村概念辨析[J].地理学报,53(4):79-85.
[76] 张旭升,牟来娣.2011.中国老年服务政策的演进历史与完善路径[J].江汉论坛(8):140-144.
[77] 赵斌,俞梅芳,吴云曦.2016.浅析浙北农村居家养老社区户外环境设计[J].才智(36):253-254.
[78] 赵德余,梁鸿.2006.中国农村养老保障的供需结构及其组织原则[J].上海管理科学,28(5):61-64.
[79] 周俊,王红红,喻俊,等.2008.农村老年人健康状况及卫生保健需求调查[J].护理管理杂志,8(3):10-12.
[80] 周燕珉.2013-08-05.老年人对室内物理环境的需求[N].中国房地产报,(B4).
[81] 朱启臻，赵晨鸣,龚春明.2014.留住美丽乡村——乡村存在的价值[M]. 北京：北京大学出版社.

后　记

在长时间内，我国乡村老年人的生活状态一直较少被关注，而针对乡村老年服务体系建设的理论更为稀缺。老年研究又具有外延性广泛、多学科及多层面的复杂性突出的特征，具体在人文范畴可涉及政策法律、社会经济、文化习俗，在理工范畴可涉及医学保健、物理性能、土木交通。因此，毫无疑问需要进一步展开更多的研究。首先是在处理老年问题上乡村分类与环境解读的进一步完善。我国的乡村在规模、地域、文化习俗、产业类型、发展阶段等各方面都存在非常大的差异性，因而其中所呈现的老年问题必然不可被一视同仁，对应办法也不应是唯一解，而需要针对不同的村落类型进行引导。老年问题的表现形式和程度究竟与什么村落环境因素有关、怎么样是更科学的村落划分办法，仍需要更多的数据和定量分析进行评价。同时，在当下城镇化快速发展的进程中，还要对村落未来的城镇化途径和人口变化进行预测，对未来可能出现的具体问题未雨绸缪，这样才能避免策略的滞后性。其次，仍需要大量的实地调研与观察以深化对这一群体的认识，以及实现这个过程的真正有效性。最后，乡村老年建设的切实推动需要更多的建设实践以及对建成设施的使用后评价。建筑学是一门实践学科，纸面分析与理论推算终究应当落实到实际建设上。因此，如何为乡村老年人这一群体提供适宜的、更有针对性的养老硬件支持，在未来尚有许多工作有待进行。